U0187943

一
步
万
里
阔

日出之食

谷物早餐小史

Kathryn Cornell Dolan
Breakfast Cereal
A GLOBAL HISTORY

[美] 凯瑟琳·康奈尔·多兰————著

萧潇————译

中国工人出版社

致奥利维娅（Olivia）

目录

前　言

开篇问题：我们从小到大一直都爱的谷物早餐，比如格兰诺拉麦片和晶磨麦片，源自何处？研究伊始，我就注意到暖融融的即食粥糊类谷物早餐大受欢迎，跨越历史、覆盖全球。粥糊的历史悠久，冷食谷物早餐算是富有美国特色的后起之秀，快速走进世界其他地方的千家万户。19世纪时能想到的谷物早餐与现如今在食品店和超市货架上的那些，鲜有相似之处，但究其历史，却颇有渊源。

谷物食品的历史可以追溯到约1万年前。在某些地区，随着小麦、水稻、玉米等谷类种植农业的出现，谷物食品就登上了历史舞台。陶罐的发明改变了人类处理谷类的方式。谷类在火上加工之后，更方便食用。收获的谷类作物得以完好储存，对人类文明影响深远。用

总有地方有人在吃早餐，彩印，1935年。

小麦、大米、玉米和其他谷类做成的粥糊，就像它们的原产地区和当地人民一样，历史久远，充满故事。

19世纪下半叶，美国的一些企业家和食品改良派前赴后继，发明了全新的冷食谷物早餐；他们中很多人都和宗教机构有着千丝万缕的联系。冷食谷物早餐产业发展之初，饮食创新人士多集中在美国中西部的几个小城市，创立了我们耳熟能详的早餐麦片品牌，比如家乐氏玉米片（Kellogg's Corn Flakes）、宝氏葡萄坚果早餐麦片（Post Grape-Nuts）、桂格燕麦（Quaker Oats）等，不一而足。此后，食品学家一直致力于改进原始配方，开发出多种新口味，最明显的就是添加了蔗糖。随着能让谷物"膨胀"的机器面世，早餐麦片在形状和大小上面貌一新。20世纪初，人类初识维生素。添加了维生素的便捷冷食谷物早餐产品，更加健康、更受消费者青睐。

颇为有趣的是，冷食谷物早餐的发展恰与全球饮食向美国看齐的大趋势重合，而且在20世纪下半叶

《粥》（*Porridge*），威廉·海姆斯利（William
Hemsley），布面油画，1893年。

愈演愈烈。蕾切尔·劳丹（Rachel Laudan）发现，"美式饮食包括牛奶、蔬菜、水果、面包、牛肉、食用油和糖。餐点当中，早餐有麦片粥（冷热均可），午餐有汤和三明治，晚餐是一份肉和两份蔬菜"。[1]美式饮食，特别是其中的早餐麦片，一直引领全球烹饪趋势。

深入观察一下即食麦片等早餐食品在意大利的发展轨迹，就能一窥加工类谷物食品对各种食物文化和饮食传统的影响。意大利以美食名闻天下，20世纪80年代，慢食运动诞生于此。但美式谷物早餐也在20世纪的意大利渐成气候。像很多其他国家的人一样，意大利人起初一天只吃两顿正餐。罗马帝国时期，大部分意大利人甚至全天都以小麦粥为食，如果有肉的话，才会加一些进去，做成咸粥。最终，发展出固定搭配的意大利传统早餐"colazione"（意大利语的早餐"colazione"一词源自拉丁语的"collationes"，意为"汇集""聚集"，所以早起的这顿饭是手边现有食材的大集合）。在意大利开始工业革命之前，意大利的中产阶

麦片配蓝莓、薄荷叶。

日出之食
谷物早餐小史

层和工人阶级把粥糊当作"早餐"，通常是玉米糊；他们所谓的"早餐"其实是每天的第一餐，未必是现代欧洲人概念中的早餐。提起意大利美食，就会想到玉米糊，就像提起美国南部，一定绕不开玉米糁糊，二者都是玉米糊的代表性作品。到了20世纪，传统的意式早餐已经成型，包括咖啡、牛奶、烘焙糕点和冷食早餐谷物。意大利人早餐习惯的变化，充分展示了冷食谷物早餐对传统饮食的改变：冷食谷物早餐在某种程度上取代了热的粥糊或其他用于维持体力的传统食物。[2]

各家早餐麦片公司从创业伊始就一直不遗余力地推广宣传。20世纪引导了谷物早餐革命的几大品牌，时至今日仍是市场主流。最初几年，产品包装盒上只印有文字，后来图文并茂；随后，又增加了优惠券和食谱；最后发展到随盒附赠小游戏和小玩具。广告形式与时俱进，从印刷品发展到广播、电视、互联网。产品赞助和高辨识度的吉祥物让麦片广告活灵活现，多了一份怀旧气息。

广告中满溢的情感诉求，蔓延到文化的其他方

《喝粥的女人》(*Woman Eating Porridge*),赫里特·道
(Gerrit Dou),木板油画,约1632—1637年。

日出之食
谷物早餐小史

面。谷物早餐的地位稳如泰山，在艺术文化中多有彰显。在各个文化的故事、歌曲、节庆、视觉艺术中都有粥糊和冷食谷物早餐的踪影。谷物早餐渗入文化肌理当中，扮演了人类生活里的大角色。

谷物早餐的文化影响和科学创新发展未曾停下脚步，随着时间的车轮一起进入21世纪，生产商和消费者在共同塑造着这种食品的未来。但是，无论即食麦片如何发展壮大，短期内也无法在全球取代粥糊的地位。粥糊与人类文明的羁绊牢不可破。自农业曙光初现，人类就在用各种现在所谓的"早餐食品"终结整夜的禁食。粥糊或许是加工程度最低的谷物早餐，但仍然是全球早餐的风行之选。谷物早餐的历史不断推进，我们最终回归了经典，依然选择传统的粥糊，还有家乐氏玉米片、宝氏葡萄坚果早餐麦片、晶磨麦片、桂格燕麦、维多麦（Weet-bix）这些熟悉的冷食谷物早餐。谷物早餐简单健康，物美价廉，长盛不衰。不管是需要熬煮的粥糊，还是即食冲调的麦片，谷物早餐都是全球之选。

格兰诺拉麦片是谷物早餐一路发展而来的现代版本。

Breakfast Cereal
A GLOBAL HISTORY

1

世界粥糊地图

豌豆粥，热乎乎。

豌豆粥，冷糊糊。

豌豆粥，锅里煮。

九天了，咕嘟嘟。

——老童谣

　　粥糊是全世界最普遍的谷物早餐，几乎贯穿了人类文明的历史。冷食谷物早餐在19世纪才进入人类生活，此前，谷物食品几乎都是以粥糊的形式存在。直到今天，每种饮食文化都还有用玉米、小麦、大米或是其他谷物熬煮而成的标志性粥糊美食。根据《牛津英语词典》的释义，粥糊（porridge）最早指用谷物、肉类和蔬菜熬煮的"浓汤"。在早餐独立成餐之前，这样的粥糊是人类"全天候"的饭食。粥糊的定义后来有所发展，更贴近现代社会对它的理解：粥糊指在燕麦片、传统燕麦片或其他粗磨谷物粉（或谷物片）中加入水或牛奶熬煮而成的食物，通常当作早餐食用。当作谷物早餐的粥糊一般用一种谷物，加入水或牛奶熬煮，可以配上水果、坚果或调料，也可以加入咸味调料、肉类或者鱼。花式熬煮的粥糊，热气蒸腾出了不同的人类文明。

在钦定版《圣经》中，以扫用长子名分从孪生兄弟雅各手中换取了"面包和豆子浓汤"。这里的"浓汤"（pottage）就是在8000年前陶罐出现之后，最古老版本的"粥糊"。有了陶罐，人们就可以把谷物或者豆类放进水里炖煮，于是就出现了"浓汤"。这种粥糊简直是突破性创新，人类由此一整天都可以吃上比较合口的饭食，不用再忍受硬邦邦的生谷物或是嚼不动的豆类。熬煮的粥糊对牙齿更加友好。所以，在这段圣经故事里，以扫把咸味的粥糊比作"浓汤"。

豌豆粥是中世纪欧洲版本的粥糊，用到的原料不

《以扫和浓汤》（*Esau and the Mess of Pottage*），
扬·维克托斯（Jan Victors），布面油画，1653年。

是谷物，而是豌豆。久经传唱的老童谣《豌豆粥，热乎乎》（*Pease Porridge Hot*）让这一碗豌豆粥流传至今，暖胃又暖心。莎士比亚在《暴风雨》里拿粥糊开的玩笑，现代历史上应该无人能及。塞巴斯蒂安在第二幕第一场中感叹，"他听到安慰就好像接到一碗冷粥一样"。

粥糊是完美食物的典范：烹煮简单、营养丰富、物美价廉。熬粥主要用到的小麦、燕麦、玉米、大米、大麦、黑麦，总共能提供人类所需总卡路里的三分之二。[1]粥糊是每天第一顿饭中的传统角色，这顿饭现在被称为"早餐"。由此，粥糊也成为人类饮食，特别是西方饮食中的重要一环。

一早醒来就能吃到的"隔夜饭"必须保存完好、没有变质，因此，冷藏和食物保存等技术进步出现之后，才诞生了独立成餐的"早餐"。历史学家安德鲁·道比（Andrew Dalby）发现，早餐对人类来说，是新石器革命之后的事情。在人类找到保存食物的合适方法之前，只能快速吃掉手里的食物，也就不可能一早起来就有东西吃，而是要到日上三竿才能正经吃上饭。《牛津英语词典》把这顿"正经饭"定义为"正餐"（dinner）。这很可能是人类文明早期，一天当中最主要的一顿饭，现在在不少地方，情况依然如此。[2]

英语早餐"breakfast"一词可以分解为"break"（打破）和"fast"（禁食）两部分，意为"打破禁食"；源自拉丁语的"*disieiunare*"，即"un-fast"（非禁食）。在法语中演化为"*disdéjeuner*"，后来缩减为"*déjeuner*"（现指午餐），最终演变成"*petit déjeuner*"（早餐）。法语中另一个拉丁词根的单词"*disner*"，在11世纪时演变为英语单词"dinner"（正餐）。希瑟·阿恩特·安德森（Heather Arndt Anderson）认为"breakfast"（早餐）一词直到15世纪才在书面英语中使用，或是因为当时的人不吃早餐（有关早餐的文献记录很少），或是因为当时更看重正午之食和晚间大餐，对这两餐的记录掩盖了早餐的存在。[3]可见，被称为早餐的这顿饭在人类生活中出现的时间并不久远。不过，正午之食包括谷物、肉类、蔬菜和其他配菜，换言之也就是"粥糊"这种食物，古已有之。

自古以来，小麦、大米和玉米就是熬粥的主要谷物。在至少1万年前，中东肥沃新月地带的居民就已经开始种植八大始祖作物，其中有大麦和小麦的两个古品种：单粒小麦和二粒小麦。早期的农学家对这些作物精挑细拣，培育出更易栽培、大小合适的品种。大约8000年前，农业进步，产生二粒小麦和早期山羊草属植物的杂交物种——普通小麦，成为小麦的常见品种。小麦最重要的一个特性就是易于储存。收割下来的小麦储存方法相对简单，储存时间更长。人们不必因为担心食物变质而立即食用它们。虽然磨碎的小麦很快就会变质，但如果以种子的形式储存，并在需要时研磨，谷物可以储存更长时间，这就确保了粮食安全。右侧这幅埃及墓室装饰画（仿制品）描绘了收割谷物的场景，尤以小麦和亚麻作物更为突出，说明小麦

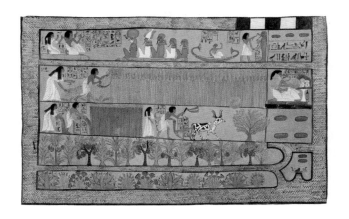

《芦苇地里的塞内杰姆和伊涅弗蒂》（*Sennedjem and Iineferti in the Fields of Iaru*），查尔斯·K.威尔金森（Charles K. Wilkinson），纸面蛋彩画，1922年。

种植从中东传入了地中海地区。随后，驯化的小麦传入欧洲和北亚，但直到19世纪才在欧洲种植开来。目前，小麦是仅次于玉米的世界第二大栽培作物。[4]

1万多年前，在中国长江流域出现最早的栽培稻。水稻栽培随后传至东南亚，最终在约3000年前传入非洲。现在，稻米是超过全球一半人口的主要食物，在亚洲饮食中的地位尤其重要。稻作技术从中国和印度传入日本、韩国、菲律宾、印度尼西亚、斯里兰卡等地，传遍亚洲。水稻栽培需要大量人工劳作和灌溉用水，适合小规模耕种。

1000年前，全球贸易以稻米为主，运作精密，中国得益于此，成为世界上最有活力的经济体。中国凭借稻米生产和贸易，直到18世纪末，一直稳居世界强国之位，这样的情形甚至延续到了19世纪。印度和后来的日本等国，也以稻米栽培和消费为经济社会之基。当前，人口规模扩张，亚太地区人口增长尤甚，稻米消费所受影响最为直接，大米需求量上涨。2010年，大

《蚂蚁和水稻》(*Mieren en rijst*),扬·布兰德斯
(Jan Brandes),素描,1786年。

米占人类卡路里总摄入量的五分之一。[5]

　　约1万年前，在今墨西哥中部到中美洲的中美利亚地区出现玉米栽培。玉米栽培与人类的奋斗相生相伴，耐人寻味。现在，玉米和人类明显是共生关系。玉米有时会"超越"始祖品种墨西哥蜀黍，"疯长"成没有繁殖能力的草类。这时就需要人为干预，保证作物继续繁育。

　　玉米植株无法自我传播种子，必须依赖人类剥出玉米种粒，或是食用，或是播种。此外，在碱性溶液中烹煮玉米的灰化过程不可或缺，让玉米适于人类消化。农业栽培技术体系甫一成型，玉米就在美洲大陆传播开来，最终遍及世界各地，成为西非和欧洲尤其重要的谷类作物。

　　玉米粥糊在美洲由来已久，原住民的主食粥糊类似于现在的玉米粥。与燕麦这类比较脆弱的谷类相比，玉米的另一个好处是结实易种，能适应多种种植环境。玉米是目前全球产量最高的谷类作物。[6]

《玉米》（*Maïs*），皮埃尔·弗朗索瓦·勒格朗（Pierre François Legrand），装饰版画，1799—1801年。

小麦、大米、玉米等富碳水基础食物在全球10个不同的地方起源，每种谷物都发展出当地文明具有代表性的粥糊食品。这些粥糊让人类得以生存，也融入当地语言文化的肌理。例如，在最早栽培小麦和大麦的肥沃新月地带衍生出了人类最早的书写文字，最终演化成楔形文字。那些最古老的书写文字专为记录谷物和其他商品的数量而生。

早期泥板上记录有种植方法、生产组织，甚至是食谱。一幅埃及新王国（公元前1353—前1336年）的石灰石浮雕栩栩如生地刻画出大麦麦穗，仿佛在微风中摇曳生姿。这块浮雕应是出自阿马尔那时期，阿肯那顿统治时期的某座私人墓葬。动植物是这个时期庙宇和墓葬的常见主题。不过，这块石灰石浮雕的亮眼之处还在于对细节的刻画，凸显出谷物在埃及文化中的重要地位。埃及皇室总管梅克特雷（Meketre）在阿门内姆哈特一世统治时期，服务过第十一王朝和第十二王朝两代皇室。在梅克特雷墓中发现的一个谷

成熟的大麦, 彩绘石灰石浮雕, 约公元前1353—前1336年。

仓模型,再现了工人搬运谷物、抄书吏记录数量的场景,充分显示出小麦和大麦在来世的重要性,以及谷物与富足的联系。

小麦粥和大麦粥也是古罗马人的基础食物。古罗马人对小麦和大麦无比重视,甚至从农业和丰收女神刻瑞斯(Ceres)的名字中衍生出了"cereal"(谷物)一词。

在日语中,可以看到大米作为主食的无上荣光。表示一日三餐的每个日语词中都有"大米(饭)"的身影。日语的"*gohan*"既指"大米(饭)",也是"饭(食)"的统称。日语的"早餐""午餐""晚餐"分别为"*asagohan*""*hirugohan*""*bangohan*"。[7]

大米在日本传统艺术中也有一席之地。以"巨浪"闻名于世的浮世绘画家葛饰北斋(Katsushika Hokusai),根据《保姆带你读〈百人一首〉》(*One Hundred Poems Explained by the Nurse*, 1839)创作了彩色木版画《大纳言经信的诗》(*Poem by Dainagon Tsunenobu*),描绘了乡村稻农劳作的场景。这幅作品

《大纳言经信的诗》，葛饰北斋，木版印刷，1839年。

展现的是日本传统文化中的理想景象：男人荷锄担担，背景是稻田，田边有村舍，头顶有飞鸟，前景是汲水的女人。右上角是大纳言经信的诗："暮色门前降，满田何朦胧。摇摇鸣稻叶，芦舍临秋风。"诗画都把稻田作为情感纽带的底色，北斋的目光正是落在了养育了日本人的稻田和田中出产的稻谷上。

中美利亚居民崇拜玉米神，相信玉米生人，玉米是中美洲神话传说的主角。阿德里安·雷西诺斯（Adrián Recinos）改编的《波波乌》（*Popol Vuh*）中，就有描述人类从玉米中诞生的情景：

他们开始讨论创造人类的先祖：黄玉米和白玉米做血肉，粗磨玉米粉面团做四肢。粗磨玉米粉面团终于有了生命，从此诞生的4个男人，成为我们的先祖。[8]

《旧约》创世故事里的神灵用泥创造了人类；在基切人的传说里，人类源自更能支持种群发展的、实实

"准备食物的美洲原住民"（Food Preparation among Native Americans），特奥多尔·德·布里（Theodor de Bry），凸版印刷雕刻和文字，1591年。

在在的食材。玉米在拉美文化中的至高地位不会动摇。玉米、小麦和大米对世界各地的人类文明意义重大。

小麦：西亚、欧洲和北美

始祖粮食作物小麦从亚洲出发，一路传到欧洲，再到美洲。中国、印度、俄罗斯、美国是全球最大的小麦出产国。世界各地的小麦粥的熬煮方法各式各样：风行美国的"麦乳"（"Malt-O-Meal"是著名的麦乳品牌）；从罗马帝国时期就出现在欧洲早餐桌上的甜牛奶麦粥；印度北部和巴基斯坦用碎麦粒煮成的"*dalia*"；印度南部先经油炒再加水煮的粗面粉粥"*upma*"。罗马尼亚也有一道类似于甜点的"*gris cu lapte*"，在粗面粉中加入牛奶和糖熬煮，还可以加入其他配料，也可以当作早餐。匈牙利有类似的版本叫作"*tejbegríz*"。芬兰的版本叫作"*mannapuuro*"。挪威的"*rømmegrøt*"，是用小麦粉和酸奶油熬煮而成，搭配糖和肉桂，或者搭配熏肉和煮蛋。土耳其人则用小麦粒熬粥，称为"*yarma*"。

大米：亚洲、非洲、欧洲和北美

中国是水稻的原产地之一。大米是中国的五大谷物之一。大米粥是中国和其他多个亚太国家常见的食物，在印度叫作"*kanji*"，在日本叫作"*kayu*"，在韩国叫作"*juk*"。在大米或糯米中加水，充分熬煮至浓稠，就得到了一碗米粥。米粥通常是咸口的，搭配肉、鱼、菜、蛋、豆腐和调料。鱼肉粥是中国多地和东亚地区常见的早餐。这些地方的粥有一大共同特点，也是和其他地区早餐粥最大的区别，就是米粥是咸口的，而不是甜口的。米粥也是身体不适时的适口食物。米粥在世界范围内仍然很受欢迎，电饭锅通常有单独的"米粥"挡位，可以煮出黏稠适度的好粥。[9]

米粥的种类丰富多样。例如，菲律宾的鸡汤稀饭

"*arroz caldo*" 和甜口的可可大米稀饭 "*champorado*"；
印度的牛奶甜米布丁 "*kheer*"；用久煮过的米饭和白
面做成的意大利米饭意面 "*frascarelli*"；罗马尼亚的
"*orez cu lapte*" 是用牛奶熬煮大米，加入糖和调料、果
酱、可可，既能当甜点，又可当早餐；匈牙利有类似的版
本叫作 "*tejberizs*"。北美洲的菰米是有别于亚洲稻米的
栽培品种，也是北美洲北方部族的重要食物。奥吉布瓦
人和帕塔瓦米人会在蒸熟的菰米饭上加糖浆或奶油，
当作早餐或是布丁。

玉米：美洲和非洲

自从中美利亚文明出现伊始，玉米就一直是美
洲谷物早餐中最重要的角色，被欧洲人带出美洲之
后，在世界各地迅速风行。美洲的原住民文明都以人
类和玉米的关系为基底。阿梅莉亚·西蒙斯（Amelia
Simmons）于1796年出版的《美式烹饪》（*American*

煮熟的玉米碎粒（已经灰化处理）。

Cookery），是最早描述玉米粥的欧美文献。在这本书中，玉米粥被归为"印第安布丁"。

在美国，玉米粥有玉米糁糊和玉米粉糊之分。玉米糁糊是最常见的玉米粥，在南部尤其流行。在粗磨玉米粉中加入水或牛奶熬煮，可以加糖做成甜口玉米粥，或是加上火腿、奶酪、黄油，做成咸口的。甜口玉米粥一般作为早餐食用。英语中"hominy"指（美国南部的）玉米粥，源自印第安波瓦坦语的"*rockahommie*"。

世界各地的玉米制剂五花八门。例如，墨西哥的调味玉米汁"*atole*"。加入巧克力或其他调料的玉米汁"*champurrado*"，是备受墨西哥人喜爱的早餐饮品，也可以全天候随时享用。

玉米传入非洲初期，还是新奇之物。到19世纪时，玉米在非洲已经流行开来，产量和消耗量从此大增。非洲各国的玉米粥各有千秋，比如南非的"*pap*"，埃塞俄比亚的"*genfo*"，赞比亚和马拉维的恩西玛（*nsima*），还有肯尼亚、坦桑尼亚、乌干达和非洲其他地方的乌伽黎（*ugali*）。[10]

随着欧洲向新西兰的殖民扩张，当地的毛利人也发展出一种发酵玉米粥"*kānga pirau*"，不过，由于在熬煮过程中散发的味道实在让人难以接受，这种粥已经无法激起涟漪。

燕麦：北欧

燕麦是欧洲人最爱用的煮粥谷物，由欧洲移民带到了美洲和亚太地区。燕麦不耐高温，多在凉爽地区种植，主要种植地区包括北美和欧洲，特别是欧洲的俄罗斯、冰岛等地。燕麦是非常古老的谷类作物。在5000多年前，欧洲人利用泥炭沼泽自然保存尸体，和这些欧洲泥炭鞣尸同时发现的就有燕麦的踪迹。[11]

燕麦粥是燕麦最广为人知的做法。传统燕麦片和即食燕麦片经过蒸熟、压扁的工序加工。钢切燕麦只是把燕麦颗粒去壳、切碎。燕麦片是苏格兰、爱尔

燕麦片配苹果、核桃、肉桂是本书作者最喜欢的谷物早餐。

兰、澳大利亚、新西兰、北美和斯堪的纳维亚的常规食品。不过，在桂格燕麦公司于19世纪末把传统燕麦片包装出售、在美国推广开来以前，燕麦一直被当成农民的食物。传统的英式燕麦粥非常稀，甚至能直接喝下去，是燕麦粥的一种新花样。1815年版的《爱玛》（*Emma*）中，伍德豪斯先生对爱玛说："咱们一起喝点儿燕麦粥。"[12] 俄罗斯、波兰、乌克兰等地的燕麦粥 "*owsianka*"，是在热牛奶中加入燕麦、糖或黄油。爱尔兰麦片粥是在开水或牛奶中加入燕麦片，不断搅动。罗马尼亚的传统燕麦粥叫作 "*terci de ovăz*"，匈牙利的版本则叫作 "*zabkása*"。

大麦：中东、非洲和欧洲

大麦是全球最古老的一种谷类作物，最早和小麦一起出现在肥沃新月地带。大麦粥和小麦粥是美索不达米亚人和罗马角斗士的主要粥品。大麦粥自古以来也被端上欧洲和北美的早餐桌。有首英国民谣的主角就叫大麦约翰（John Barleycorn）。大麦粥会比燕麦粥稠一些，在中东和北非称为"*sawiq*"。挪威大麦粥"*byggrynsgrøt*"是用大麦、黄油、牛奶或水一起熬煮。中国西藏的糌粑是用炒熟的青稞麦粉或小麦粉制成，是藏族人的传统主食。达赖喇嘛说自己经常把它作为早餐。糌粑已经成为藏族的代表性符号。埃塞俄比亚和厄立特里亚的"*ga'at*"，一般指大麦粥。中东的大麦稀饭"*talbina*"中有蜂蜜或大枣和牛奶。

黍：亚洲、欧洲和非洲

黍类作物最早出现于约7500年前的中国。小米粥现在仍是中东、俄罗斯、德国的重要早餐品种或是甜点。中国的传统小吃茶汤用黍类中的糜子面制作而成。塞内加尔的两种小米粥"*fondé*"和"*lakh*"一般都会加糖和奶制品（牛奶或者黄油中的一种）。

肯尼亚的"*uji*"和尼日利亚的"*ogi*"类似，都是用发酵之后的黍类作物制作。日本北方阿依努人的小米粥"*munchiro sayo*"和汤类似。俄罗斯的黍类食品可甜可咸，德国人则一般搭配蜂蜜和苹果食用。印度的龙爪稷粥是泰米尔马里亚曼节的庆典食品。

麦糊：亚洲、欧洲和非洲

俄罗斯的麦糊是用多种谷物混合熬煮而成，一般少不了荞麦。麦糊在俄罗斯人的生活中占据重要地位，在俄罗斯文化中具有一席之地，比如俄罗斯人人都会说的那句"麦糊糊，包菜汤，帮助我们饱肚肚"。由混合谷物熬煮而成的麦糊不仅是俄罗斯人的心头好，在东欧甚至非洲也大受欢迎。埃塞俄比亚的"*genfo*"，虽然主要成分是玉米，但也可以用混合谷物加蔬菜一起熬煮。这种谷物大杂烩可以是任何一顿饭都能吃的咸粥，也可以是加入牛奶和糖、更适合早餐食用的甜粥。

其他粥类

　　世界上还有其他一些粥类值得注意，而其中的某些甚至不是用谷物熬煮出来的。尼日利亚约鲁巴人的"*asaro*"是薯蓣粥。尼日利亚和加纳的伊博人用"新薯蓣"节庆祝一个收获周期的结束，迎接下一个周期的开始，会准备薯蓣粥作为庆典食品。挪威的土豆粥"*potetgrøt*"与土豆泥差不多。埃塞俄比亚的画眉草籽可以食用，煮成的粥是埃塞俄比亚的传统食物。南非和津巴布韦把高粱粥"*mabela*"当作早餐。在加拿大，亚麻通常和小麦、粗磨黑麦粉一起熬煮成粥。芬兰传统早餐"*ruispuuro*"是黑麦粥。秘鲁的藜麦粥早已走向世界，早中晚三餐都可食用。

　　人类全天吃粥的传统由来已久，粥成为早餐"特供"的历史却很短，而且是在西方尤为盛行。早餐粥

美洲的两种基础谷物——玉米和藜麦。

可咸可甜,几乎可以搭配任何肉类、鱼、水果、蔬菜、坚果、调味料。不过,甜粥似乎总是当成早餐来吃。相比之下,东南亚、非洲部分地区和拉丁美洲喜欢的咸粥则可以搭配豆类、肉类、鱼、调味料。粥在各个文化中,尽管用到的谷物各有不同,却都是一天中最重要的那一餐,不管何时食用,重要性始终如一。工业革命席卷欧美,早餐已成为早起的一餐,直到19世纪,一碗热粥都是早餐的"灵魂"。然而,随着一场特殊的食物变革在19世纪的美国崭露头角,谷物早餐焕新登场——冷食谷物早餐扑面而来。

Breakfast Cereal
A GLOBAL HISTORY

2

冷食谷物早餐的发明

粥糊在整个人类文化中无处不在,而冷食谷物早餐却是19世纪美国工业文明的产物,源起于一人——约翰·哈维·凯洛格博士(Dr John Harvey Kellogg)。与粥糊不同,即食麦片的发展史和相关人士,足以构成一部"秒杀"19世纪所有小说的绝妙好戏。即食谷物是多部历史书籍和虚构作品的主角。例如,T.C.博伊尔的讽刺小说《康庄大道》(*The Road to Wellville*),虽然从C.W.波斯特最知名的宣传小册子上借用了名号,写的却是约翰·哈维·凯洛格的发家史,刻画了掀起一场健康运动、创立早餐麦片和加工食品业的人物图谱。

19世纪初,美国人每天仍然只吃两餐——丰盛的早餐和晚餐。像农民这样的体力劳动者需要摄入足够的能量,才能坚持过完工作繁重的漫长一天。他们的早餐通常有玉米粥、肉或蛋,非常丰盛。而美国的有钱

在殖民时期风格的房间中煮粥的女子，
拍摄于约1914年。

人则会享用高级食物，19世纪时的高级食物包括分量更多、品质更好的肉类。[1]富裕阶层大量摄入肉类，外加普遍饮酒过量，最终导致消化不良、便秘和其他胃肠紊乱问题。

饮食不当导致的此类健康问题，在19世纪中叶的美国引发了一场食品改良运动，类似的运动差不多同时也席卷了欧洲大陆。西尔维斯特·格雷厄姆（Sylvester Graham）、埃伦·G.怀特（Ellen G. White）、詹姆斯·凯莱布·杰克逊（James Caleb Jackson）、约翰·哈维·凯洛格、威尔·基思·凯洛格（Will Keith Kellogg）、C.W.波斯特、马克西米利安·比歇尔−本纳（Maximillian Bircher-Benner）等健康改革派设法让天然谷物食品回归美国人的饮食当中，而且很快就风靡全球。他们建立起疗养院，来院休养的客人按照科学的方式进食、生活，主要通过调节饮食，改善整体健康情况。由此，催生了基础类冷食谷物早餐，包括格兰诺拉麦片的前身"粗颗粒"

（granula）以及桂格燕麦、家乐氏玉米片、宝氏葡萄坚果早餐麦片，它们是日后所有同类产品的"先祖"。[2]

谷物早餐运动实际上是19世纪中晚期北美、欧洲、澳大利亚等地变革大历史的一部分。以美国为例，当时最著名的革新运动包括废奴主义、禁酒运动、女性选举权运动。同时期的伪科学领域中涌现出类似于催眠术的迷术、通过头骨隆起判断人格特质的颅相学，甚至还有与亡灵交流的降神会。饮食改革是19世纪社会和自我修养热潮的重要组成部分。

西尔维斯特·格雷厄姆是美国和欧洲素食主义的主要推手，针对当时社会重肉饮食引发的各种健康问题，发明了全麦饼干；全麦食品也以格雷厄姆的名字命名，时至今日，"Graham"也有"全麦（的）"之意。格雷厄姆是19世纪著名的饮食改革家之一，在全美各地设立"格雷厄姆之家"（Graham Houses），信奉素食主义的格雷厄姆派在那里组建了自己的素食者社区。格雷厄姆的素食饮食理念对饮食改革影响深远，

家乐氏玉米片是首批谷物早餐，现在仍是北美和
欧洲受欢迎的产品之一。

特别体现在早餐当中。

　　冷食谷物早餐的历史始于1863年，由詹姆斯·凯莱布·杰克逊博士揭开序幕。杰克逊是农民出身的饮食改革家、废奴主义者，年轻时身体不好，备受困扰。与当时多项运动并驾齐驱的"水疗法"，给杰克逊带来了"救赎"。水疗法以大量用水为核心要义：疗养病人每天要多次泡澡、冲洗淋浴，饮用大量的水（通常只喝水），饮食清淡健康，以此修复受损的身体。水疗法对杰克逊起到了疗效，他通过水疗法重获健康。杰克逊由此钟情于水疗法，很快在纽约的丹斯维尔开设了自己的矿泉疗养院，终其余生用水疗法治愈来疗养院休养的客人。杰克逊的这家疗养院名为"山边小屋"（Our Home on the Hillside），除了水疗法之外，饮食改革也是杰克逊整体健康理念的一部分。疗养院中禁止食用肉类，禁止饮用咖啡、茶、酒类，禁止吸烟，强调只能饮用水和无刺激的非酒精饮品，食用天然谷物、水果、蔬菜。在此背景下，杰克逊开发出了最早的

日出之食
谷物早餐小史

1890年广告宣传册上的杰克逊的疗养院。

冷食谷物早餐。

杰克逊先是烤制了一大块白面华夫饼，然后分成小块饼干。这种由天然谷物制成的谷物早餐虽然是健康食品，有助于缓解各种胃肠不适，但极其坚硬，必须在前一天晚上就泡在水里或者牛奶里，第二天早起才能食用。杰克逊创制的产品虽然不像人们期待的那样方便食用，却是最早的加工类冷食谷物早餐，开启了一场食品生产和消费的革命。[3]尽管产品未获得商业成功，但杰克逊开发健康谷物早餐对抗重肉饮食的想法，对其他饮食改革家产生了深远影响，其中就有基督复临安息日会（Seventh-Day Adventist）创始人埃伦·G.怀特和她的门生约翰·哈维·凯洛格。

据说怀特是一位了不起的女性。她参与创立了基督复临安息日会，这个教派时至今日在全球仍广有影响。怀特本人是19世纪最知名的素食主义派成员，到访杰克逊在丹斯维尔的疗养院后，深受杰克逊的饮食主张影响。怀特参与组建的加利福尼亚州洛马林达基督复临派社区是全球"蓝色地带"（Blue Zone）区域之一，以居民健康长寿知名。世界上的其他"蓝色地带"区域包括哥斯达黎加尼科亚、日本冲绳、意大利撒丁岛、希腊伊卡利亚岛。不过，怀特在搬到加利福尼亚之前，已经在密歇根的巴特尔克里克创办了疗养院，可以说是受到了杰克逊在丹斯维尔的疗养院的启发。她还叫来年轻的约翰·哈维·凯洛格医生帮忙打理疗养院。

凯洛格在密歇根出生、长大，来自当地一个基督复临安息日会家庭。包括约翰·哈维和威尔·基思兄弟在内，凯洛格家一共有17个孩子。怀特对凯洛格青少年时期的教育颇为关注，资助他在密歇根大学、纽约大学和贝尔维医院完成了学习。凯洛格最终成为一名医生。毕业后不久，在1876年，他就进入巴特尔克里克医疗外科疗养院（后更名为巴特尔克里克疗养院）工作，担任怀特一家的副手。1878年，凯洛格和怀特一起到访丹斯维尔的"山边小屋"，学习借鉴杰克逊的身心健康饮食改革经验，并在巴特尔克里克疗养院推广。身为执业医师，凯洛格对健康食品的兴趣植根于19世纪末的先进科学之中。他对营养的推崇在当时引领一时风尚，具有持久影响。

毫无疑问，凯洛格是冷食谷物早餐史上最重要的人物。他的饮食改革计划中包括为消化不良的病人生产、提供半加工的"预消化"食品，便于病人脆弱的消化系统接受、吸收。巴特尔克里克疗养院通常被称作"小院"（the San），加工类的早餐食品是凯洛格在"小院"推行的"生物生活"理念的一部分。凯洛格把对饮食的关切和疾病的细菌理论相联系，主要关注胃肠的细菌情况。他是早期倡导当今所谓微生物群落研究的人之一。凯洛格认识到健康饮食是整体健康的关键环节，因此，在疗养院的实验厨房中不断尝试、开发新的食谱。凯洛格精通内外科，他终其职业生涯，在条件允许的情况下，始终坚持通过饮食调理改善身体状况而不是通过外科手术。[4]

凯洛格始终是受人尊敬的医生和营养学家，但随着时间的推移，人生经历逐渐复杂。种种难堪之下，他最终离开了怀特的社群。尽管被逐出教会，凯洛格在怀特一家带领信众离开密歇根前往加利福尼亚之后，仍然继续掌管巴特尔克里克疗养院。凯洛格的妻子埃拉·伊顿·凯洛格也是健康改革派，还是一位作家。夫妇二人没有生育子女，而是收养了42个孩子。凯洛格相信所谓科学培育的优生学，基础假设就带有种族主义色彩。实际上，凯洛格推崇种族分离，在1906年与他人联合建立了种族改进基金会（Race Betterment Foundation）。虽然凯洛格本人争议颇多，但他在饮食方面的创新发明，尤其是他开发出来的谷物早餐，文化意义绵延至今。

凯洛格夫妇二人在疗养院的实验厨房中不断尝试、开发新的食谱，厨房由埃拉直接负责。或许，埃拉对现代谷物早餐发展的贡献被埋没了太久，大家已经习以为常。在疗养院的实验厨房中，凯洛格夫妇和威尔·基思·凯洛格研究出许多健康早餐食谱，其中一

约翰·哈维·凯洛格在巴特尔克里克疗养院做演讲，
拍摄于约20世纪30年代。

日出之食
谷物早餐小史

些就收录在埃拉的《厨房里的科学》（*Science in the Kitchen*, 1892）一书中。最早的一批食谱中包括"粗颗粒"的新版本，自1878年开始进入疗养院的早餐当中。不知是无心的还是有意的，凯洛格版的"粗颗粒"食谱与杰克逊的原始版本极为相似，只有一点小小的不同：凯洛格版在原始的粗白面中加入了粗磨玉米粉和燕麦片。凯洛格版的"粗颗粒"经过慢烘焙之后，研磨成小片。虽然这种谷物早餐是在巴特尔克里克疗养院早期食谱的基础上改良而来，但还是与杰克逊的原始"粗颗粒"版本太过相似，甚至连名字都一样。结果杰克逊威胁说要法庭上见，而凯洛格也就此踏上了各类法律诉讼的漫漫长路。为了避免被杰克逊起诉侵权，凯洛格一家把自家的谷物早餐版本改名为格兰诺拉。此时的格兰诺拉麦片仍然是质地坚硬、不太好吃的谷物，作为健康食品提供给疗养院中的病人，口味寡淡、成本高昂，远非大众市场所能接受。

凯洛格一家最终开发出一种更好的麦片，有朝一

埃拉·伊顿·凯洛格所著《厨房里的科学》一书封面。

塔夫脱总统到访密歇根巴特尔克里克，约翰·哈
维·凯洛格、威尔·基思·凯洛格、C.W.波斯特出席。

日会成为"偶像级"的家乐氏玉米片，一个新产业就此诞生。1894年，凯洛格为自家的早餐麦片申请了专利。当时的产品用小麦制成，专利名称为"麦片及其制作工艺流程"，包括谷物熟制、碾压、二次烘焙的全流程，"最终产品是极薄的片状碎麦麸（或麦麸纤维），经烹煮、熏蒸、烘烤等各项工序，充分熟制、加工，易于消化"。[5]凯洛格投入大量精力，确保自家产品的独特制作工艺受到美国专利法保护，但却没有关注工艺流程之外的其他方面。专利文件中没有列出其他食品类产品，也没有明确所用设备的生产商。也就是说，凯洛格给竞争对手留下了足够大的竞争空间。他的竞争对手们在早餐麦片热潮中迅速抓住这个机会，和他一争高下。

从这份早期的专利文件中可以一窥凯洛格对自家谷物产品重要性的理解和理念。这份专利和所涉及的食品发明本身，都是领域内首创，为日后类似的谷物食品类产品奠定了基础，也就此引起了对冷食谷物早餐产品专利申请流程中知识产权的关注。亨利·珀基（Henry Perky）在1895年申请了"Shredded Wheat"的专利，凯洛格起诉珀基侵权一案以失败告终。不过，案件判定所涉及专利并未明确限定其他谷物产品的开发。总之，凯洛格的专利欠缺细节，比如仅大而化之地概述了"麦片"，没有指明是小麦片。然而，恰恰是这样的专利"缺陷"，催生出整个早餐麦片产业，也算是一种"补偿"。[6]

约翰·哈维·凯洛格诉讼缠身，尤其体现出他和兄弟威尔·基思·凯洛格的关系。1879年，威尔·基思进入疗养院工作，担任约翰·哈维的助理。其时，约翰·哈维经常邀请客人和病人到实验厨房参观，便于他们详细了解疗养院的食谱和技术细节。C.W.波斯特在疗养院休养期间参观了实验厨房，借机盗用了凯洛格家的麦片创意，开办了宝氏麦片公司（Post Cereal Company）。威尔·基思打算成立一家早餐麦片公司与宝氏麦片公司竞争，作为回击。1897年，他与哥哥约翰·哈维共同创立了萨尼塔食品公司（Sanitas Food Company）。

但兄弟二人分歧颇多，其中之一就是是否在产品中添加蔗糖的问题。约翰·哈维断然拒绝在谷物早餐产品中额外添加糖分。但威尔·基思认识到，如果不额外添加糖分改善自家产品寡淡的口感，他们的谷物食品销量不会很好。兄弟二人的关系日渐紧张，两人都意识到再也无法共事。威尔·基思最终离开疗养院，创办了后来的家乐氏麦片公司（Kellogg Cereal Company），借鉴C.W.波斯特的做法，专注生产添加蔗糖的谷物早餐产品（当然，此时的蔗糖添加量与20世纪中期之后的糖量不可同日而语）。威尔·基思对波斯特盗用凯洛格家产品创意的做法始终无法释怀，于是，他在每个包装盒上都印上了"Kellogg's"字样，作为其真实性的标志，暗指波斯特的产品无此字样，是冒牌货。约翰·哈维始终不认可弟弟的商业化思维和运作，兄弟二人终其余生形同陌路，有时甚至对簿公

威尔·基思·凯洛格和他最喜欢的小马，威尔·基
思·凯洛格与女儿贝丝和孙辈，凯洛格庄园景象，
明信片，20世纪20年代末。

堂。尽管两人几乎你争我斗了一辈子，但在一件事上却步调一致——凯洛格兄弟都很长寿，离世时都已是鲐背之年。

和普通的商界大佬相比，威尔·基思尤其关注社会福利问题，不太像是个"反派"。他在疗养院工作时，设法为经济困难的病人筹措治疗费用；在开办谷物早餐食品厂初期，就设立了一系列员工福利，比如为员工子女修建游乐场和小公园；在行业内首创使用产品营养标签；1930年，美国大萧条期间，他创立了威尔·基思·凯洛格基金会，这家慈善机构至今仍在巴特尔克里克发挥着积极作用。他当年创立基金会时捐献的6600万美元，相当于现在的10亿多美元。可以说，威尔·基思·凯洛格兑现了他的承诺，"我的每一分钱都会用于人民"。

约翰·哈维·凯洛格的对手C.W.波斯特，成年之后饱受消化问题折磨，在1891年住进疗养院休养。波斯特在疗养院里坚持凯洛格饮食法，恢复了健康，整

C.W.波斯特，拍摄于约1914年。

体体质也有所改善。他对凯洛格饮食法钦佩有加，想要一探其中的奥秘。波斯特本就雄心勃勃，恢复健康之后，就接手了巴特尔克里克疗养院紧邻的拉维塔旅店（La Vita Inn），成为凯洛格的竞争对手，一心想要超越凯洛格。波斯特创制的咖啡替代品"波斯塔姆"（Postum），现在在美国的健康食品店和餐馆中仍能找到。此外，在1897年，波斯特为自己生产的葡萄坚果早餐麦片申请了专利。宝氏早餐麦片最具代表性的特点就是，它是切成小块的全麦面饼，这一产品形象流传至今，是历史上受欢迎的产品之一。不过，波斯特的"葡萄坚果"早餐麦片中，既没有葡萄，也没有坚果，叫这个名字不过是因为波斯特把产品中添加的麦芽糖称为"葡萄糖"，而坚果的香味则来自麦麸的烘烤过程。

葡萄坚果早餐麦片大获成功，波斯特由此成立了波斯塔姆谷物公司（The Postum Cereal Company），即宝氏麦片公司的前身，与邻居萨尼塔食品公司，也就是后来的家乐氏麦片公司，正面"开战"。波斯特在6年的时间里，从病秧子华丽变身成为百万富翁，上演了一出白手起家的好戏。但是波斯特却不像凯洛格兄弟那样健康长寿。1914年，波斯特在知名医生威廉·梅奥和查尔斯·梅奥兄弟位于明尼苏达州的诊所，接受了阑尾炎手术。梅奥兄弟称手术非常成功，但波斯特感到痛苦不堪，几个月后自杀身亡，时年59岁。[7]

整出早餐麦片大戏的核心地带——巴特尔克里克本身也是个精彩的故事。巴特尔克里克是个名副其实的新兴城市，人口3万，在19世纪末、20世纪初，足以媲美任何一个处于巅峰时期的矿业城镇，只不过巴特尔克里克的"矿藏"是早餐麦片。当时，这个小城的别称有"世界麦片碗"（The World's Cereal Bowl）、"麦片之城"（Cereal City）、"食品城"（Foodtown）、"世界玉米片之都"（Cornflake Capital of the World）。[8]巴特尔克里克，"Battle Creek"，意为"战斗之溪"，名称源自19世纪初当地的帕塔瓦米印第安人与欧洲人的一场战斗，但却以早餐麦片热潮为人们所铭记，以家乐氏麦片公司全球总部和威尔·基思·凯洛格基金会所在地为人们所熟知。尽管早餐麦片热潮基本已经从巴特尔克里克奔流远去，但曾经的历史以及几家公司的办公地，却留在了这里。

巴特尔克里克的早餐麦片热潮从美国迅速扩展到其他地方。1897年，瑞士医生马克西米利安·奥斯卡·比歇尔–本纳（Maximillian Oskar Bircher-Benner）在苏黎世开办了一家名为"Vital Force"的疗养院。差不多同时，约翰·哈维·凯洛格正在巴特尔克里克疗养院努力开发预消化健康谷物早餐。比歇尔–本纳为疗养院的病人提供生食饮食法，疗愈各类健康问题，重点解决与消化相关的健康困扰。比歇尔–本纳走上饮食改革之路的经历似曾相识：在摆脱黄疸困扰之后，他坚信是生食治愈了自己的黄疸，苹果尤其功不可没。比歇尔–本纳的生食饮食法比素食主义以及杰克逊和凯洛格提倡的严格饮食法更进一步，提倡生吃食物是最营养的饮食方式。他对饮食和生食倾注了巨大热情，对疗养院病人的健康深感关切。为此，他在1906年前后推出了自己的谷物早餐产品——木斯里（*Birchermüesli*）。

比歇尔–本纳的原始食谱包含未经烹煮的传统燕麦片、水果和坚果，和现在的格兰诺拉麦片有诸多相似之处，只不过用的是未经烹煮的燕麦片。食谱的灵感来自比歇尔–本纳一家在瑞士阿尔卑斯山脉徒步时的经历。比歇尔–本纳的理念与凯洛格恰恰相反，他反对加工或是烘焙早餐食物，希望病人靠自己的能力来消化食物。此外，比歇尔–本纳的木斯里不是现代意义上的谷物早餐，而是一日三餐都要吃的食物。木斯里与家乐氏和宝氏的产品不同，原料简单，在家即可自己制作。比歇尔–本纳推出木斯里的本意并不是打造在市场上出售的包装产品。也许这就是为什么比歇尔–本纳的名字现在没有与跨国早餐麦片公司联系在一起。[9]

用来制作马克西米利安·奥斯卡·比歇尔–本纳
的木斯里的简单原料。

日出之食
谷物早餐小史

3

19 世纪以来的世界各地谷物早餐

20世纪初，美国货轮周游世界，停靠在南非、开罗、中国香港等不同国家和地区的众多港口，不仅带去了各类货物，也带去了即食谷物早餐。[1]原本只是美国本土的一种食品，却在全球范围内迅速传播开来，足以说明谷物早餐热潮兴起之时的世界，已经是一个相互勾连的网络。其实，在20世纪50年代，加拿大和澳大利亚的早餐麦片人均消耗量就已经超越了美国。[2]从那时起，即食谷物就一直在与传统粥糊拉扯，争夺全球的市场份额。奇玛曼达·恩戈兹·阿迪契在小说《美国佬》中对谷物产品充斥市场的情景有生动描摹。早餐麦片产品货架大概是美国食品店最有代表性的一部分。小说主人公伊菲麦露站在早餐麦片产品货架前，感到一阵眩晕。相对于"*fufu*"和"*sadza*"这样的尼日利亚传统粥糊而言，小说中描述的西方早餐麦片产品货架根本无法给主人公带来任何满足、滋养之感，只是让她头晕目眩，甚至不如一盒没有厂商标签的普通玉米片来得实在。

亚洲、非洲和南美洲人历来对冷食谷物早餐热情不高，一直钟爱可口的传统热食粥糊，但自20世纪下半叶开始，出于各种原因，情况不断发生变化。即食麦片被视为健康食品，食用便捷，即便是小孩子也能自己准备好一餐，也是城市工人每天上班前能快速吃到的方便早餐。超市的兴起让世界各地更多的人能买到早餐麦片产品，相较于其他早餐食品，价格低廉。同时，家乐氏、宝氏、桂格燕麦等早餐麦片公司不断扩大规模，投入大量财力，在产品推广上巧思泉涌，各显神通。

除了扩大全球市场份额的经营战略因素，各家早餐麦片公司从诞生之初就一直彼此竞争。在这种你追我赶的氛围中，各家公司的创新产品越发精致起来。亚历山大·P.安德森（Alexander P. Anderson）于

1902年发明的膨化枪即是一例。膨化枪"砰的一下"就可以把谷物变成膨化的"O"形或是其他形状，现在我们对这些形状都已经司空见惯，仿佛它们和最初的早餐麦片或者小碎块一样不足为奇。谷粒进入膨化枪，谷粒淀粉中的水分在260℃左右的高温时，迅速变为水蒸气，不管是何种谷粒，都能呼呼膨胀，变身谷物泡芙球。1904年，在密苏里州圣路易斯的路易斯安那采购博览会（Louisiana Purchase Exposition）上，安德森现场演示了用膨化枪制作大米泡芙，观众中就有托马斯·爱迪生和亚历山大·格雷厄姆·贝尔等一众人物。"Kix"是最早的玉米泡芙球品牌，随后出现了晶磨的前身"Cheerioats"以及"Corn Pops""Lucky Charms"等。尽管膨化枪在20世纪40年代让位于更高效的挤压机，但所有非片状和碎块状的早餐麦片，挤压工序都是以1902年的膨化枪为雏形。

早餐麦片属于加工类食品，比19世纪末健康疗养院饮食中的各类谷物食品更有益于健康，或添加了

路易斯安那采购博览会上的大米泡芙展台，1904年。

玉米泡芙球是全新的谷物形式。

更多功能。20世纪上半叶，美国食品药品监督管理局（Food and Drug Administration）寻求方法治愈影响全球家庭的衰弱性青少年疾病，如缺乏维生素D导致的佝偻病，过量食用玉米、缺乏烟酸引发的糙皮病等。早餐麦片公司对此作出响应，向产品中添加矿物质和维生素，如铁、核黄素、硫胺素（即维生素B_1）和烟酸、钙、维生素D等。英语的维生素"vitamin"一词是"vitamine"的变体，在1912年由波兰科学家卡齐米尔·丰克创造而来。在1910年，丰克提出"维生素"概念不久之前，日本科学家铃木梅太郎已经使用微量营养素复合物治好了病人的脚气。铃木把这种复合物称为"acerbic acid"，也就是我们现在熟知的维生素B_1，或称硫胺素。尽管铃木先于丰克发现了这类营养素，是发现维生素的第一人，但他的发现直到1912年才被译为德语，丰克对铃木的发现也就无从知晓。最终，丰克成为"维生素"一词的冠名人。在铃木和丰克之前，人类早已把食物和健康联系起来，但这二人明确

维生素的最初发现者——铃木梅太郎。

了微量营养素在饮食中的地位。添加了上述重要维生素和矿物质的早餐麦片，被认为有效消除了美国、欧洲和其他以谷物为主食地区的糙皮病和其他多种疾病。自20世纪三四十年代至今，早餐麦片搭配蛋白质丰富的牛奶一起食用，确实是健康早餐的必要部分。约翰·哈维·凯洛格最初关注的健康问题，也就这样延续到了20世纪，但家乐氏远不是唯一一个对改善人类健康孜孜以求的公司。[3]

不过，早餐麦片中的添加成分远不止维生素和矿物质。1939年，吉姆·雷克斯（Jim Rex）开发出了新技术，在膨化麦片表面覆盖糖浆和蜂蜜，然后高温烘烤，在麦片表面完全包裹均匀的糖衣。雷克斯给这款糖霜早餐麦片取名为"Ranger Joe Popped Wheat Honnies"，致敬当年热播剧《独行侠》（Lone Ranger）的主角。当时，相对于消费者，尤其是孩子，自行往早餐麦片中加了不知道多少糖的做法，这种糖霜麦片算是健康之选。然而，雷克斯没有像C.W.波斯特和威尔·基思·凯洛格那样的商业头脑，经营乏力让生产问题雪上加霜。雷克斯的产品，糖衣容易融化，之后又会迅速凝固，导致麦片结团，卖相和口感都欠佳。结果，他的骑兵乔早餐食品公司（Ranger Joe Breakfast Food Company）成立不足1年，就关门歇业。但是宝氏、家乐氏和其他早餐麦片公司很快开始生产"糖霜"麦片。不到10年时间，宝氏就推出了糖衣膨化麦片"Sugar Crisp"。1952年，"Frosted Flakes"已经是家乐氏旗下的常驻品牌。家乐氏随后又推出了各种类似的产品，其中包括1969年开始生产的糖霜迷你麦丝卷（Frosted Mini-Wheats）。[4]

健康改革运动不仅造就了最初的即食谷物早餐，也在全球范围内催生了类似的产品。比如，维多麦在澳大利亚、新西兰和南非的地位，就相当于美国的宝氏葡萄坚果早餐麦片或是家乐氏玉米片。维多麦是全麦制成的长方条饼干，一般搭配牛奶冷食。20世纪初，埃伦·G.怀特领导的基督复临安息日会从他们

家乐氏糖霜迷你麦丝卷是本书作者最喜欢的
早餐麦片食品。

维多麦是澳大利亚最受欢迎的早餐麦片。

维多麦广告，1948年。

在澳大利亚的业务基础上发展了疗养院健康食品公司（Sanitarium Health Food Company）。根据公司官网介绍，该公司在1928年收购了维多麦在澳大利亚的股份，之后把这款麦片产品推广到新西兰和南非。1932年，维多麦登陆英国，英国版产品更名为"Weetabix"。维多麦的官网称"澳大利亚的孩子都是吃着维多麦长大的"。新西兰的维多麦包装盒上则印着"（新西兰）早餐麦片排名第一"。总之，尽管维多麦的各国版本略有差异，但都是大受欢迎的代表性产品。[5]

即食谷物早餐能在全球大获成功多半是因为其方便食用。随着女性进入职场，多职工家庭数量增加，家长要用便捷健康的早餐唤醒一家人的一天。方便食用是谷物早餐的独特魅力所在。即便是小孩子也能独自打开包装盒，用牛奶泡好一碗早餐麦片。但对于准备热腾腾的粥糊来说，这简直不可想象——大人不可能放心让孩子独自打开炉子、准备煮粥。冷食谷物早餐安全便捷的食用方式，解救了家长一早起来的忙碌。

在20世纪60年代，健康的谷物早餐回归后，
出现的现代版格兰诺拉麦片。

时间来到20世纪60年代，关注健康的家长们开始兼顾早餐的便捷和健康。莱顿·金特里（Layton Gentry），绰号"格兰诺拉种子约翰尼"（Johnny Granola-Seed），他适时改造、推出了含糖量更低的格兰诺拉麦片。这一产品现在在北美、欧洲和越来越多的世界上其他地方的食品店里无处不在。金特里的香脆格兰诺拉麦片配方以凯洛格19世纪的格兰诺拉专利产品为蓝本，加入各种坚果和谷粒，添加糖浆或赤砂糖作甜味剂，但糖量低于市场竞品。金特里的产品是对含糖早餐麦片的反主流文化应对。

密苏里州圣路易斯的宠物公司（Pet Incorporated），在1972年推出了全球首个格兰诺拉麦片包装产品品牌"Hartland Natural Cereal"，主打怀旧，包装盒和广告都采用深褐色色调，让消费者回到麦片代表健康食品的旧时光。香脆格兰诺拉麦片大受欢迎，早餐麦片公司纷纷效仿金特里的配方，迅速推出了自己的产品。很快地，每家公司的产品名录上都有了格兰诺拉麦片的身影。现在,格兰诺拉麦片是市场主流,口味迭代层出不穷,生产规模大小各异。2010年代,小批量手工生产的格兰诺拉麦片尤受青睐。格兰诺拉麦片也像木斯里一样,是自己在家就能很容易制作的谷物早餐。或许同样是因为这个缘故,金特里的命运和比歇尔-本纳还有木斯里一样,没能成为家乐氏和宝氏那样家喻户晓的品牌。[6]

时至20世纪70年代,早餐麦片公司迫于各种压力,开始生产少糖产品,纷纷转而宣传其产品富含天然谷物、添加麦麸或坚果,或是响应特定消费人群的饮食需求,推出无麸质产品等。此外,在产品名称上也是大做文章,比如家乐氏的膨化小麦片从"Sugar Smacks"变成了"Honey Smacks",膨化玉米从"Sugar Pops"变成了"Corn Pops"。但是,"糖"在很多时候只是从产品名称中被除名而已,产品的实际含糖量并无变化。[7]

J.K.罗琳的哈利·波特系列的前两本,完美体现

格兰诺拉麦片广告，1893年。

了甜味即食谷物早餐和更加健康的传统粥糊间的"剑拔弩张"。在《哈利·波特与魔法石》（*Harry Potter and the Philosopher's Stone*, 1997；美国版书名为*Harry Potter and the Sorcerer's Stone*）中，谷物早餐与"麻瓜世界"联系在一起，一个非魔法的平行世界，显然没有霍格沃茨魔法学校所在魔法世界那么有趣。在小说开头，哈利那个被惯坏的表哥达力"正在发脾气，把麦片往墙上摔"。后来，弗农姨父带着全家逃离，躲避寄给哈利的魔法信，在一个地处偏远的酒店安顿下来。"第二天的早餐，他们吃的是走味的玉米片和冷番茄"。[8]罗琳写到这里的时候，特意强调是"走味的玉米片"，而且没有将首字母大写来特指家乐氏的玉米片，指的是泛泛而谈的所有包装好后出售的味道寡淡的早餐麦片。这与霍格沃茨一天三顿丰盛的大餐形成了极为强烈的对比。在《哈利·波特与密室》（*Harry Potter and the Chamber of Secrets*, 1998）中，罗琳写道，"在施了魔法的天花板下，四个学院的长桌子上摆着一碗碗的粥、一盘盘的腌鲱鱼、堆成小山的面包片和一碟碟的鸡蛋和咸肉"。[9]罗琳以在小说中着重描写传统英式美食而著称，但在上述场景中，文字背后的重点不止于此。丰盛的早餐，尤其是早餐中的粥，而非即食谷物早餐，承载的是满满的治愈和充足，暖胃又暖心。这对整个童年充斥着食物匮乏的小男孩哈利来说，是幻想终于成真的佐证。哈利和朋友们在魔法学校一定会营养充足地好好成长。

　　早餐麦片公司一直勤勉有加，满足不管是虚拟世界还是现实当中都在不断扩张的全球人口的需求。20世纪的几大早餐麦片公司在21世纪初仍然是业内巨头，最大的五家公司是家乐氏、通用磨坊（General Mills）、全球谷物早餐联盟（Cereal Partners Worldwide，是通用磨坊公司和雀巢公司在美国、加拿大以外地区成立的合资企业）、百事公司（PepsiCo，目前是桂格燕麦的母公司）、宝氏消费品牌公司（Post Consumer Brands）。在2021年，家乐氏可能是最有影响力的早餐麦片公司，作为行业奠基企业之一，家乐氏仍是业内最大的公司。20世纪80年代，家乐氏向北美和欧洲以外的市场进军，在澳大利亚推出了"Just Right"品牌，针对日本市场专门生产"Genmai Flakes"。家乐氏公司官网介绍，公司产品广销全球180多个国家。该公司最大的生产厂房甚至不在美国本土，而是在英国的特拉福德公园内。家乐氏旗下的知名产品，除了最早推出的家乐氏玉米片以外，还有北美家乐氏的全麦维（All-Bran）、可可力（Coco Pops）、彩圈圈（Froot Loops）、"Frosted Flakes"、糖霜迷你麦丝卷、卜卜米（Rice Krispies），以及加拿大家乐氏的"Vector"。在全球范围内，家乐氏最受欢迎的产品包括德国的"Kringelz"、印度的"Chocos"、南非的"Strawberry Pops"和拉美的"Choco Krispis"。

家乐氏一直占有全球早餐麦片贸易的最大份额，但通用磨坊公司和源自瑞士的雀巢公司在竞争市场上的份额也不容小觑。两家公司在1990年成立了合资企业——全球谷物早餐联盟，通用磨坊可以在全球知名的雀巢名下销售麦片产品，但两家公司仍旧彼此独立。全球谷物早餐联盟也不逊色于竞争对手，早餐麦片产品销往全世界180多个国家。1856年成立的明尼阿波利斯制粉公司（Minneapolis Milling Company），在1928年与其他磨坊合并成为通用磨坊公司，自此一路成长为可与家乐氏和宝氏公司匹敌的早餐麦片生产商。通用磨坊的知名麦片莫过于长盛不衰的"Count Chocula"和"Franken Berry"等怪物谷物（Monster Cereals）系列产品，还有"Cocoa Puffs""Lucky Charms"和"Wheaties"，当然也少不了晶磨。

雀巢公司一开始也不是一家生产早餐麦片产品的公司，其前身是1866年成立的英瑞炼乳公司（Anglo-Swiss Condensed Milk Company）。公司业务很快扩展到麦片领域，特别是向原有乳制品中加入麦片的添加类产品。雀巢的麦片产品在全球市场的影响力要高于通用磨坊。雀巢旗下全球知名的早餐麦片产

"全球最大的即食麦片食品生产商",明信片。

PACKING ROOM, KELLOGG COMPANY, BATTLE CREEK, MICHIGAN

家乐氏公司的包装车间，密歇根巴特尔克里克，明信片。

品包括尼日利亚的"Golden Morn"、津巴布韦和加纳的"Cerevita"、巴西的"Nescau Cereal"、英国的"Shreddies"。雀巢是唯一一个非美国本土起家的跨国早餐麦片公司。

始创于1877年的美国谷物公司（American Cereal Company），更为人熟知的名字应该是桂格燕麦公司（Quaker Oats Company），2001年被百事公司收于旗下。不过，在这一并购之前，1893年，桂格燕麦已经把一个市场营销部门移至伦敦，20世纪上半叶将业务扩展到了英国和欧洲市场。[10]该公司最著名的全球品牌自然是桂格燕麦，除此以外，还有早期技术奇迹造就的"Quaker Puffed Rice"。此外，桂格旗下还有"Cap'n Crunch""Life"以及"Quaker Grits"等品牌。

说到21世纪初全球顶尖的早餐麦片公司，必须还要提到另一个名字——宝氏，现在名为宝氏消费品牌公司。宝氏公司的代表性冷食谷物早餐产品有宝氏葡萄坚果早餐麦片、"Cocoa Pebbles"、"Fruity

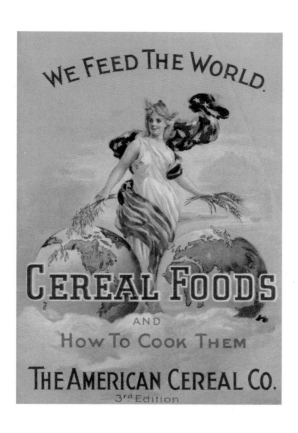

美国谷物公司广告, 约1880年。

Pebbles"、"Honey Bunches of Oats"、"Raisin Bran"、"Shredded Wheat"，以及风行北美市场的"Malt-O-Meal"。宝氏公司在英联邦和德国市场推出了"Shreddies"麦片（但英国的"Shreddies"市场由全球谷物早餐联盟控制），在韩国销售"Oreo O's"，在加拿大则是"100% Bran"。与全球化程度较高的雀巢公司不同，宝氏基本立足于北美市场，但在一连串的收购兼并之后，宝氏目前也在英国生产维多麦和维多滋（Weetos）两种产品。这些早餐麦片公司在规模上已经是名副其实的全球性企业，但在很多方面，与19世纪末开创了冷食谷物早餐的奠基企业多有相似。

　　事实上，谷物早餐一直都是全球性的，无论是热腾腾的粥糊，还是冷食谷物早餐，这在21世纪分外分明。从北美到东亚再到中东，食品店里总会有成排的货架，上面摆满了跨国公司生产的早餐麦片产品，也会有品名、系列、口味都是当地特色的品牌。2015年3月，《华盛顿邮报》的一篇文章以全球即食麦片流行度为对象，列举了全球最受欢迎的谷物早餐。比如在美国市场上，受欢迎的产品包括晶磨，尤其是蜂蜜坚果脆谷乐（Honey Nut Cheerios），以及"Frosted Flakes" "Cinnamon Toast Crunch" "Lucky Charms"，而"Wheaties" "Trix"和"Corn Pops"这几种产品的受欢迎程度呈下降趋势。全球市场对冷食谷物早餐的喜爱情况，在各国情况不一：英国人喜欢维多麦，澳大利亚人爱买维多麦和"Uncle Toby's Shredded Wheat"，宝氏的"Oreo O's"在韩国大受欢迎，雀巢的"Golden Morn"在尼日利亚很畅销，而阿曼的热门产品则是"Temmy's"的"Fruit Rings"。当21世纪的第二个10年走到尾声，出售早餐麦片产品的食品店已经在全球遍地开花。比如，在阿曼马斯喀特的早餐麦片产品货架上，摆满了与北美和欧洲超市中相同的产品，可以找到家乐氏的卜米和桂格燕麦的船长麦片（Cap'n Crunch），也能买到阿曼市场特有品牌"Temmy's"的"Choco Pops"和"Fruit Rings"麦片。

阿曼超市中的早餐麦片货架。家乐氏"Temmy's"的
"Choco Pops"和"Fruit Rings"麦片包装盒上都标有
阿拉伯文。

日出之食
谷物早餐小史

Breakfast Cereal
A GLOBAL HISTORY

4

市场营销与谷物早餐

冷食谷物早餐最初以健康食品的面貌出现，但它们从一开始就是历史上最具营销色彩的产品。早餐麦片公司不遗余力地营销推广，刺激早餐麦片消费者的需求持续增加。1911年，英国作家H.H.芒罗（H.H. Munro）以笔名萨基（Saki）写就的短篇讽刺小说《丝状螺柱：小老鼠也有用》（*Filboid Studge: The Story of a Mouse that Helped*）中，展现了风靡市场的早餐麦片和它们与市场营销之间割不断的渊源。故事讲述了虚构的早餐麦片"Pipenta"，以新名字"Filboid Studge"重装上阵之后，摇身变为市场宠儿。书中写到的营销手段是把产品的积极联想（健康的小宝宝等形象）抛在一边，转而利用消费者对地狱和游魂的恐惧心理。故事里的广告语只有一句饱含痛惜的"他们现在买不到麦片了"。萨基借故事主角马克·斯佩利之口，道出

吃"Quaker Puffed Rice"的小孩子，拍摄于约1918年。

日出之食
谷物早餐小史

了真谛，"那些要做的事，如果真是为了自己开心，大家绝对不会去做……这种新的早餐麦片，也不例外"。故事结尾，另一个主人公，也就是"Filboid Studge"麦片的投资商，担心"一旦有更难吃的食品投放市场，就会动摇'Filboid Studge'的绝对优势"。[1]萨基用幽默夸张的笔调，描写了早餐麦片和市场营销之间的"那些事"，可以看到以"Filboid Studge"面貌出现在故事里的早餐麦片，在20世纪初确实已经进入了大众的生活。约翰·哈维·凯洛格、C.W.波斯特和马克西米利安·比歇尔—本纳等一众人物开发出的这种冷食谷物，在萨基的年代被戏称为道德无瑕但"难以下咽"。

首创了葡萄坚果早餐麦片的C.W.波斯特被誉为"美国广告祖师"。[2]在他的市场推广之下，早餐麦片成为遍及全美、欧洲，最终扩展到世界各地的晨起饭食。波斯特深入研究自家产品的健康之处，从咖啡替代品"波斯塔姆"到早餐麦片，从后来更名为"Post Toasties"的以利亚吗哪到葡萄坚果早餐麦片，波斯特都会抓住一切机会进行推广，比如在产品包装盒上印制广告口号。葡萄坚果早餐麦片最早的一批包装盒上就印着"全熟制、预消化的早餐麦片/葡萄坚果早餐麦片/大脑和神经中枢的食物"。波斯特首开先河，在全美报刊上定期刊登广告，有时会选用医疗主题，或者营造愧疚心理，或者采用轻松自然的叙事风格。世纪之交的《成功》(Success)杂志，把波斯特评选为该杂志1903年度广告商。那一年，这本杂志几乎每个月都会刊登宝氏公司的葡萄坚果早餐麦片广告。公司成立初期，波斯特一度担心广告支出过高。他在写给兄弟的信中说道，仅1896年一年，就在广告上花掉了981.78美元。但波斯特仍然坚持大手笔投入广告经费，最终证明自己的直觉没有错。官方数据基金会（Official Data Foundation）的资料显示，宝氏公司1897年的销售额接近262280美元，相当于2020年时的820万美元。而此时距离1898年波斯特为葡萄坚果早餐麦片申请专利还尚有时日。

尽管波斯特是包装类早餐麦片的先锋人物，不遗余力地推广宝氏产品，率先推出多种营销方式，但他并非早餐麦片广告第一人，这项桂冠属于桂格燕麦创始人亨利·克罗韦尔（Henry Crowell）。克罗韦尔在产品包装上迈出了广告创新的重要一步，比宝氏和家乐氏的广告推广活动提早了20余年。早在1877年，克罗韦尔就推出了首个注册商标产品形象，在传统燕麦片的包装盒上印制了极具辨识度的"贵格派人物形象"。包装食品的兴起自有其健康因素。19世纪七八十年代，细菌理论广为大众接受，包装食品看上去要比散装谷物更加安全。在克罗韦尔推出"贵格派人物形象"包装之前，无论是食品还是其他产品，纸质包装盒上只有产品的名称，最多再加上一句产品口号。克罗韦尔的新创意赋予了包装盒新的意义，不仅有品牌名称、产品信息，还有夺人眼球的广告图片。包装盒上的"贵格派人物形象"代表着诚实、纯粹，也让人回想起本杰明·富兰克林等美国的缔造者。桂格燕麦粥在

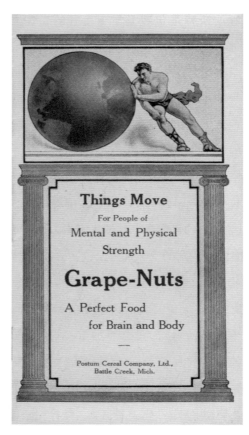

葡萄坚果早餐麦片广告，约20世纪20年代。

桂格燕麦广告，20世纪30年代。

19世纪末流行开来，大半要归功于克罗韦尔的营销策略。自那以后，桂格燕麦长盛不衰。

各家麦片公司很快纷纷推出现在随处可见的包装盒风格：色彩艳丽，力求包装吸睛，能让人过目不忘，还要保证信息足够丰富。一开始是在包装盒表面做文章，最终发展到在包装盒里附赠各种小惊喜，比如小笑话、连环画、儿童小游戏或是小故事，以此维护消费者。此类做法大概是对宝氏葡萄坚果早餐麦片等产品包装盒上早期广告推广和健康宣传的发展。益智游戏、填字游戏和其他各种小游戏也出现在麦片包装盒上。20世纪末，在电视以及手机等手段的冲击下，包装盒上的传统娱乐手段竞争压力过大，逐渐退出舞台。但通用磨坊在2014年为晶磨、蜂蜜坚果脆谷乐、"Lucky Charms"、"Cocoa Puffs"和"Cinnamon Toast Crunch"设计了怀旧包装盒。盒子正面采用复古设计，背面仿照从20世纪50年代到90年代一直流行的麦片包装盒，印有各类小游戏和益智游戏。通用磨坊的这一波推广还与孩之宝（Hasbro）联手，在每盒麦片中附赠一张5美元的优惠券，用于购买孩之宝的怀旧系列桌游：拼字游戏（Scrabble）、妙探寻凶（Clue/Cluedo）、巴棋戏（Parcheesi）和战国风云（Risk）。两家公司希望一家人在围坐桌边享用麦片的同时，也能其乐融融地沉浸在桌游里。[3]

早餐麦片公司还借助吉祥物来推广产品。1902年，"Force"麦片为在北美和欧洲的早餐麦片市场与宝氏葡萄坚果早餐麦片、家乐氏玉米片、"Shredded Wheat"、"Cream of Wheat"等品牌竞争，打造了首个早餐麦片吉祥物卡通人物"阳光吉姆"（Sunny Jim）。斯科特·布鲁斯（Scott Bruce）和比尔·克劳福德（Bill Crawford）说这个卡通形象是一位"昂首挺胸的老爷爷，头戴高礼帽，身穿高领衬衫，外着红色燕尾服，手拎文明棍，头发在脑后扎成一条辫子"。明妮·莫德·汉夫（Minnie Maud Hanff）为"阳光吉姆"的广告配上了朗朗上口的短诗。郁郁寡欢的倒霉蛋"沮丧吉姆"（Jim Dumps）把"Force"麦片丢进嘴里，"自此以后，大家叫他'阳光吉姆'"。[4]"阳光吉姆"和他的前辈"贵格"一样，成了深入人心的人物形象。"Force"麦片的宣传大获成功，虚构人物"阳光吉姆"跻身名人行列。Force公司的营销宣传尽管人人皆知，但有一个问题没能得到解决——"阳光吉姆"实际上对"Force"麦片的销售没有什么帮助，产品依然无人问津。"Force"麦片在美国早早失势，到了20世纪20年代，已无力与家乐氏、宝氏和桂格等公司竞争。不过，它在英国一直颇受欢迎，坚持迎来了21世纪的第二个10年，也一直使用"阳光吉姆"作为品牌的吉祥物。

家乐氏最早的早餐麦片吉祥物"噼啪砰"三人组"Snap""Crackle"和"Pop"也是知名人物。1933年，三人在卜卜米的广告中首次亮相，其名字源自加入牛奶时，这款麦片发出的声音。家乐氏公司官网介绍，20世纪50年代的一则西班牙语版本广告，把这款产

"Force" 麦片包装盒，上面印有品牌吉祥物
"阳光吉姆"，约20世纪30年代。

品成功推向了全球市场。很快地，吉祥物在美国和世界各地大量涌现。比如，在1952年，家乐氏推出的"东尼虎"（Tony the Tiger），就"咆哮"出了那句"香甜玉米片太太太太棒了！"在美国，这句广告词甚至比产品本身还要有名。吉祥物在不同的国家和地区也有所变化。维多麦食品公司（Weetabix Food Company）在英国推出了巧克力味麦片维多滋，代言形象是穿着实验室白大褂的老科学家维多教授（Professor Weeto），强化了产品有益于健康的卖点。这位老教授的形象从20世纪90年代开始一直伴随维多滋产品出现，直到2010年才被科学家特点不那么突出的卡通形象"维多"（Weeto）取代。拉美市场上的家乐氏产品"Choco Krispis"，吉祥物是"大象梅尔文"（Melvin the Elephant）。瑞士的雀巢公司在欧洲和拉美市场上销售的巧克力味麦片"Chocapic"，是用一只叫"比科"（Pico）的小狗作吉祥物。同款产品在亚洲和大部分中东市场上名为可可味滋滋（Koko Krunch），吉祥物随之变成了"考拉可可"（Koko the Koala）。[5]

　　早餐麦片公司的营销手段不仅限于品牌吉祥物一种。20世纪初，C.W.波斯特在每盒葡萄坚果早餐麦片中塞进了一本题为《康庄大道》的宣传小册子，详细讲述了他自己凭借冷食谷物早餐等饮食重获健康的历程。其他公司也是有样学样，在即食谷物产品包装中加入品牌起家故事和各类食谱。19世纪70年代，桂格燕麦的母公司——美国谷物公司随产品附赠食谱，不仅有早餐麦片的花式吃法，还有用麦片产品制作诸如"桂格面包"等食物的方法。

　　20世纪20年代，桂格燕麦推出了百万余份晶体收音机包装盒产品，麦片的包装盒就是一个晶体收音机。附赠小收藏品随即成为早餐麦片产品的营销手段，取代了19世纪末、20世纪初一度流行的优惠券和食谱书。1945年，家乐氏"Pep"麦片附赠的纽扣是首个随盒附赠小玩具。很快地，利用注塑成型技术可以更简单价廉地制作小塑料玩具，给麦片公司带来了无

题为《康庄大道》的宣传小册子，约1900年。

日出之食
谷物早餐小史

在麦片包装盒里放上儿童玩具是一大营销技巧。

限可能。塑料制成的小型车船、弹珠机、哨子都是早期风靡北美和欧洲的麦片附赠玩具。[6]

1926年，"Wheaties"麦片在明尼苏达州明尼阿波利斯投放了首条"歌唱商业广告"。这首名为《你吃过"Wheaties"麦片吗？》（*Have you tried Wheaties?*）的歌唱广告，由当地的WCCO广播电台播放。20世纪40年代和50年代，"原创牛仔歌手吉恩·奥特里在哥伦比亚广播公司电台系列剧《旋律农场》（*Melody Ranch*）里，浅吟低唱着桂格燕麦"。电台广告就此起步，后来进一步发展到电视广告、互联网广告，直至现在的社交媒体广告。[7]

芝加哥广播电台从1932年开始播放的一部广播剧，主角是一个叫Skippy的小男孩，在他的各种冒险故事里穿插植入了"Wheaties"麦片广告。但这部广播剧不能算是一帆风顺的，开播当年就有一集故事被迫取消播放。在这集故事中，Skippy的一个朋友遭到绑架。很不巧，就在这集故事播放的同一个星期，发生了一件名人后代绑架案。查尔斯·林德伯格（Charles Lindbergh）在1927年成为历史上首位成功单独飞越大西洋的人，全球知名。1932年，林德伯格的儿子小查尔斯·奥古斯塔斯·林德伯格（Charles Augustus Lindbergh Jr）遭人绑架，以勒索赎金。全社会都热切关注"林德伯格宝宝"的事件进展，盼望孩子能安全回家。尽管林德伯格家支付了赎金，小查尔斯还是没能回到父母身边。后来发现，孩子其实在遭到绑架之初，就已经不幸丧生。事件结果让公众极度震惊。所以，考虑到事件的敏感度，广播剧中涉及绑架情节的一集被迫取消播放，也就不足为奇。[8]

电台广告最终发展为电视和电影广告。布鲁斯和克劳福德在二人合著的书中引用了美国广告创意总监威廉·莫里斯在1949年对电视的评价，"电视的影响力不亚于原子弹"。早餐麦片公司身为全球最大的市场营销商，自然要乘上电视这一新兴技术的东风。1948年，家乐氏公司旗下的广告公司推出了电视节目

《唱歌的女士》（*The Singing Lady*）。这部由同名广播剧扩展而来的剧集，是首个由麦片公司投资拍摄的电视节目。20世纪50年代，在《伙计，你好》（*Howdy Doody*）和乔治·里夫斯主演的《超人历险记》（*The Adventures of Superman*）等流行剧集里，都有早餐麦片产品的植入广告。20世纪60年代初，动画人物驼鹿布尔温克尔（Bullwinkle Moose）推广通用磨坊旗下的"Trix rabbit"麦片，而在驼鹿布尔温克尔担纲的动画片《波波鹿与飞天鼠》（*Rocky and His Friends*）中一直有个兔子的角色。此外，亚太地区是增长最快的早餐麦片市场。2016年开播的电视剧《欢乐颂》，让澳大利亚的维多麦全麦麦片在中国市场大卖。这是早餐麦片广告在中国和亚太地区大展拳脚的一个例证。[9]

早餐麦片产品的广告方式还包括各类活动赞助和儿童节目或卡通人物授权联名。"Wheaties"的母公司通用磨坊，在20世纪30年代偶然为之的营销策略一直持续至今。其时，通用磨坊开始赞助明尼阿波利斯的美国职业棒球小联盟（Minor League Baseball）比赛，在赛场打出"'Wheaties'麦片，冠军早餐"（Wheaties—Breakfast of Champions）的广告牌。1935年，宝氏的"Post Toasties"与米老鼠联名，在包装盒和广告中使用米老鼠的形象。当然，米老鼠不是唯一一个出现在广告当中的知名卡通人物。1982年的大金刚（Donkey Kong）麦片是首款与电子游戏联名的麦片产品。2010年代，沙特阿拉伯的SweeToon麦片公司在本地区推出了刺猬索尼克（Sonic the Hedgehog）限量版麦片。此外，刺猬索尼克也是家乐氏"Frosted Flakes"（英国版名称为"Frosties"）和通用磨坊晶磨品牌的广告形象，宝可梦则代言了通用磨坊的各类麦片。21世纪初，《吉他英雄》（Guitar Hero）风头正劲，出现在家乐氏的产品推广中；《愤怒的小鸟》（Angry Birds）和家乐氏的"Cocoa Krispies"联名；《小龙斯派罗》（Skylanders）则和通用磨坊的麦片产品绑定。最近，生产玩偶的Funko公司推出了Funko

大头玩偶怀旧系列，一种反向营销操作。这次，玩偶成为主角，早餐麦片才是附赠的小惊喜。[10]

早餐麦片公司乘着电视这一新兴技术的东风，尤其是充分利用了周六早间动画片的时间，向儿童直接推销产品。希瑟·阿恩特·安德森写道，"一旦电视进入千家万户，早餐麦片产品就能抓住周六早间动画片的时机播放广告，儿童属于受制受众，在没有大人监管的时候，更是如此"。[11]食品和饮料广告，包括含糖早餐麦片的广告，都是主要面向儿童和青少年，而非成年人，全球如此。20世纪70年代，研究发现含糖麦片和其他含糖食品会导致儿童肥胖，美国联邦贸易委员会（U.S. Federal Trade Commission）试图阻止各家公司在含糖即食谷物产品广告中使用卡通人物，但未能成功。2009年，其再次呼吁各家公司主动停止使用热门人物形象向儿童推销含糖早餐麦片，同样以失败告终。纵观欧美，早餐麦片公司基本没有主动采取任何广告限制措施。

互联网新科技的出现，导致管控面向儿童的含糖食品和饮料广告的难度进一步加大。英国广告实践委员会（Committee on Advertising Practice）禁止互联网等"非广播媒体"播放面向儿童的高脂肪、高盐、高糖类食品广告。2010年代，美国农业部（The United States Department of Agriculture）在全美学校午餐计划下，出台了地方学校健康政策，要求地方教育机构设立学校餐食标准指南，减少儿童肥胖发生。[12]

　　21世纪，随着社交媒体大行其道，市场营销策略呈现出更强的表现力。2011年，Dare Vancouver广告公司在加拿大温哥华的一条大街上打开了一个6米高的"Crunchy O's"麦片盒，里面的"惊喜玩具"是一辆本田思域。本田的这次广告宣传完美借鉴了早餐麦片的营销创意。2013年，家乐氏中东和非洲公司在迪拜组织的一次活动中，1354人同时享用家乐氏麦片，创下了最大规模早餐麦片活动的吉尼斯世界纪录。同时，家乐氏公司创下了最大麦片包装盒以及最长餐

桌的纪录。活动所用餐桌长达301米。2016年，黎巴嫩达希尔国际食品公司（Daher International Food Company）旗下的Poppins早餐麦片公司，在黎巴嫩扎赫勒组织了一场活动，共有1852人参加，刷新了该项吉尼斯世界纪录。

2021年，维多麦在推特上发布了以英式传统早餐焗豆配吐司为灵感的维多麦麦片配亨氏焗豆，在互联网上轰动一时。一众名人和其他食品公司的推特账号纷纷亲自"下场"，对这种传统早餐麦片的新吃法发表见解。本着"只要有流量就是好宣传"的原则，维多麦和亨氏焗豆在推特上的这次免费广告算是获得了双赢。其实，从某种意义上来说，从赞助体育赛事和其他社区活动，到"二战"中为士兵送去包装麦片，再到跟着埃德蒙·希拉里（Edmund Hillary）去珠穆朗玛峰探险，"曝光度"一直是早餐麦片的营销原则。[13]

2010年代兴起的早餐麦片咖啡馆，是一种模糊了商业推广和艺术表达界线的餐饮新趋势。2014

年，在伦敦开业的Cereal Killer主题餐厅的菜单上是各种怀旧风格的即食早餐麦片，顾客主要是成年人群体。各地的类似餐馆还有得克萨斯州休斯敦的"Cereality"、加利福尼亚州帕萨迪纳的"Mix N' Munch"、英格兰曼彻斯特的"Black Milk Cereal"、西班牙马德里的"Cereal Lovers"、葡萄牙里斯本的"Pop Cereal Café"、法国克莱蒙-费朗的"Bol and Bagel"、澳大利亚墨尔本的"Cereal Anytime"、南非德班的"Cereal Killers South Africa"。不过，对餐饮和难以名状的"第三空间"（除了家庭和工作场所以外的地方）来说，这些餐馆和咖啡馆到底是昙花一现，还是新趋势的开端，仍需拭目以待。

伦敦的Cereal Killer咖啡馆。

日出之食
谷物早餐小史

"有人喝光了我的粥！"阿瑟·拉克姆（Arthur Rackham）绘制的插画，选自弗洛拉·安妮·斯蒂尔（Flora Annie Steel）所著的《英国童话故事》（*English Fairy Tales*, 1922）。

Breakfast Cereal
A GLOBAL HISTORY

5

艺术与文化中的谷物早餐

谷物一直承载着文化重任，在高雅艺术和大众艺术中频繁现身。自古以来，粥糊就是文化的一大主题。即食谷物早餐也很快以其文化标志性和代表性，在艺术中得以展现，承受讽刺，被评头论足。在牙买加·琴凯德（Jamaica Kincaid）的短篇小说《连衣裙小传》（*Biography of a Dress*, 1992）里，童年的粥糊代表着日常惯例、生活传统、贫困匮乏。[1]母亲对女儿的爱就是给她喝营养健康的粥糊。但女儿却想摆脱无处不在的玉米粉，从早餐的玉米粥到午餐的玉米糊，她想吃肉，还有其他贵到母亲买不起的食品。本章将一窥在艺术和文化中以粥糊和即食麦片形式出现的谷物。在世界各地的文学创作、视觉艺术、节庆活动和其他文化产物中，都能看到具有当地代表性的谷物。

文学创作

加拿大作家玛格丽特·阿特伍德在《疯癫亚当》（*MaddAddam*, 2013）中描绘了反乌托邦的未来世界。书中的人物托比一度怀念曾经吃过的即食早餐麦片巧益多（Choco-Nutrino），"全世界的巧克力工厂倒闭以后，为了挽救孩子们的可口早餐麦片，垂死挣扎的结果就是巧益多。据说里面含有烤豆子"。紧接着又深入探讨了冷食谷物早餐的加工品本质，"巧益多装在碗里，看上去像小石头，棕色的、异样的，来自火星的颗粒。大家过去一直吃这种东西。他们早就习以为常了"。尽管巧益多麦片算不上受欢迎的食品，但还是让找到这盒麦片的人怀念起过去的时光。而在阿特伍德的长篇处女作《可以吃的女人》（*The Edible Woman*, 1969）中，主人公玛丽安早起为了节省时间，只能压缩简化早餐，"我来不及吃鸡蛋了，只能匆匆喝下一杯牛奶，再加一碗冷麦片。我知道这样一来等不到吃午餐，我就会饿的"。此时的谷物早餐毫无怀旧意味，而是让人败兴。主人公在吃下应该是每天重要的第一餐时，就已经感到麦片带来的只能是饥饿。好在，阿特伍德对早餐充满热爱，称早餐是一天中"最有希望的一顿饭"。在她看来，早餐时的我们"还不知道那一天会有什么不幸降临到我们头上"。即便带有一些戏谑，但幻想中的纯真美好和阿特伍德的人生经历在早餐中相遇。这种碰撞，在她的小说中不时出现。[2]

而在地球的另一边，澳大利亚畅销作家莉安·莫利亚提在《失忆的爱丽丝》（*What Alice Forgot*, 2009）中，把澳大利亚"国粹"麦片维多麦描述成传统老套、索然无味的谷物早餐，被用来"吐槽"主人公爱丽丝平淡乏味的人生，"要是她的父母是移民，有口音就好了，这样一来，爱丽丝就会说两种语言了，而她的妈妈也能自己做意大利面。然而，她们只是乡下普普通通的琼斯一家，就和维多麦即食麦片一样平淡无奇"。她想象中能够奋起抗争澳大利亚中产生活的一种方式就是换个牌子的麦片吃，或许尝试一下咸粥也不错。但是故事的主人公没有这么做。莫利亚提在后来出版的《他的秘密》（*The Husband's Secret*, 2013）中，也提到了维多麦。母亲在每年女儿的忌日时，都心有悲戚，如此持续了多年。

瑞秋看了眼手表，现在才刚过八点。她还要忍受一个又一个小时，才能挨完这一天。28年前的此刻，珍妮刚吃过她人生中的最后一顿早餐。应该只有半碗麦片。这姑娘一向不爱吃早餐。

在莫利亚提的笔下，维多麦麦片渗入生活之中，给悲剧又蒙上了一层忧郁。此时的谷物早餐不再是治愈系，而是母亲心中爱女死前的最后一顿早餐，多年过去，痛楚依然。维多麦麦片是日常的早餐，这样的日常恰是悲剧的一部分，更加衬托出丧女的锥心之痛。[3]
粥糊也是世界文学的一大主题。美国独立早期，各类玉米粥糊被赋予民族文化象征意义的重任，表明这个新生的国家与英国截然不同。这些粥糊既可以是早餐，也可以是一天中任何时候都能享用的餐食。乔尔·巴洛在戏仿史诗作品《玉米粉糊：一首诗歌》（*The Hasty-Pudding, A Poem*, 1796）中，在玉米粥上花费了一些笔墨。

牛奶倒入碗，米粉慢慢加；

牛奶起波澜，颗粒行迹藏；

粉块无处隐，高隆傲然立；

垂首视掌中，掌中无余粉；

诀窍有真意，父祖代代传。[4]

这首诗不过是对亚历山大·蒲柏风格的戏仿，巴洛也不像表现出来的那样热爱玉米，但玉米粥确实是美国独立之后一段时间内代表国家意识的基础食物。玉米粉糊因为独立战争期间传唱的《扬基歌》而家喻

《早餐》（*The Breakfast*），彩印，1873年。

户晓。从此，玉米粉煮成的玉米粉糊、玉米糁糊、玉米粥，不管具体形式如何，都成了和美国的"固定搭配"，特别是美国南方的代表产物。

托妮·莫里森在《所罗门之歌》（*Song of Solomon*，1977）将近尾声的时候，写到主人公奶娃因为忧虑胃口不佳，"奶娃虽然很饿，但仍没吃多少渥涅尔准备的早餐，他把盛着炒鸡蛋、玉米粥、炸苹果的盘子推开，大口喝着咖啡，海阔天空地聊起来"。玉米粥、鸡蛋和苹果是传统早餐"三剑客"。但书中的主人公因为身处重要关头，对这样的治愈食物都没了胃口。一如玉米粥在美国早期历史中的重要作用，玉米粥在《所罗门之歌》中具有独特的区域指代意义。[5]

玉米同样是拉丁美洲最重要的粥糊原料。智利诗人巴勃罗·聂鲁达应该是最知名的拉美诗人，他为玉米写了一首《玉米颂》（*Ode to Maize*），也就不足为奇。聂鲁达在诗中唱颂玉米变成食物的过程，致敬这种让人类文明数千年绵延不断的食物，"就在那里，牛奶和粉末；赐予力量，给予营养。这玉米浆糊，被搅动、被拍打，在皮肤黝黑的女人手里，化腐朽为神奇"。这首诗既赞美了能当早餐也能做成其他食物的玉米粥，又歌颂了自古以来熬煮粥糊的女性原住民。尽管聂鲁达的诗不全是为了早餐玉米粥而作，但他对玉米的赞颂确实是文学创作上重要的一笔。玉米是诸多拉美文化的一大共通主题。[6]

中国小说中通常提到的是大米粥。《红楼梦》第十四回王熙凤协理宁国府就有这样的细节描写，"凤姐……因见尤氏犯病，贾珍也过于悲哀不进饮食，自己每日从那府中熬了各样细粥，准备精美小菜，令人送过来"。[7]可见，大米粥的角色在18世纪的中国和在当代中国颇为相似，既能当作普通早餐，也可以是身体不适时全天候的治愈食物。

谷物早餐也是儿童故事和童谣中的常见主题，比如英国童话《金发姑娘和三只熊》（*Goldilocks and the Three Bears*）。不同的是，罗伯特·骚塞1837年原始版本的《三只熊的故事》(*The Story of the Three Bears*)中，讲述的是一位老婆婆，而不是金发姑娘。在故事里，金发姑娘喝了三只熊的粥，坐了它们的椅子，睡了它们的床。第三只熊碗里的粥"刚刚好"。在骚塞的版本里，三只熊早起出门去散步，把粥碗放在桌子上凉凉，散步回来的时候正好可以喝。三只熊的故事是有名的英语童话之一。

捷克有首表演诗叫《老鼠妈妈煮了粥》(*Vařila myšička kašičku*)，类似于英语童谣《这只小猪》(*This Little Piggy*)，由父母和孩子一起念诵、表演。捷克的这首童谣唱道，"老鼠妈妈煮了粥，用了一只小绿锅"，然后给每只小老鼠分粥吃，最后一只小老鼠没有分到粥，就跑去橱柜里找糖吃。这首童谣还是一个手指游戏。大人在孩子手掌里画圈，好像在搅粥，然后掰着手指数数，计算分到粥的小老鼠。数到第四根手指时，或是数到最后那只没有分到粥的小老鼠时，大人就会用手抓挠小朋友的胳膊，一路挠到腋下。[8]

视觉艺术

　　谷物早餐的文化意义早已超越文学范畴。视觉艺术也对谷物早餐的含义投去了关注，同时关注对麦片和相关物品的利用或是重塑。20世纪60年代，安迪·沃霍尔推出了家乐氏玉米片木面丝网印刷艺术装置，一同推出的还有亨氏番茄酱艺术系列。此外，沃霍尔还有著名的金宝汤罐头系列。他通过重做美国标志性早餐麦片产品，阐述了对批量生产和商品化的见解。其实，在很多时候，品牌本身就是沃霍尔艺术作品的主题。

　　进入21世纪，纽约艺术家萨拉·罗萨多（Sarah Rosado）用早餐麦片进行艺术创作，比如人物肖像等。罗萨多的艺术，在某些方面，是对沃霍尔作品主题的回应。她的名人肖像系列包括用家乐氏玉米片创作的碧昂丝和用"Fruity Pebbles"麦片创作的妮琪·米娜。加拿大安大略省的莫霍克艺术家格雷格·A.希尔

（Greg A. Hill）用早餐麦片盒打造了一条完全防水的独木舟，在自己的艺术装置作品《航行里多：从渥太华一路划到卡纳塔》（*Portaging Rideau, Paddling the Ottawa to Kanata*）里划行。加拿大街头艺术家埃利瑟·埃利奥特（Elicser Elliott）也把麦片包装盒作为创作媒介。他的麦片包装盒绘画作品展现了2020年的美国和加拿大。此类艺术创作强化了谷物早餐在当代社会中的意义。

在绘画和艺术作品中，同样能够看到欧洲对谷物早餐的关注。法国艺术家让-弗朗索瓦·米勒（Jean-François Millet）于1861年创作的蚀刻版画《把粥吹凉》（*Cooling the Porridge*），描绘了一位母亲正在吹凉一勺粥，喂给怀里的孩子。米勒是现实主义运动的积极分子，最知名的代表作大概是《拾穗者》（*The Gleaners*）。这幅黑白蚀刻版画《把粥吹凉》中的每一个细节都把现实主义体现得淋漓尽致。粥，是母亲和孩童之间的纽带，尽管母乳喂养已经结束，但母亲仍

《把粥吹凉》，让–弗朗索瓦·米勒，蚀刻版画，1861年。

然要喂养嗷嗷待哺的孩子。

　　粥也出现在其他欧洲艺术家的画作中。比如瑞典最著名的画家卡尔·拉松（Carl Larsson）创作于19世纪的水彩画就展现了一家人围坐桌旁喝粥的情景。拉松在1895年创作的水彩画《银桦树下的早餐》（*Breakfast under the Big Birch*）收录于画集《我们的家》（*A Home*），展现了拉松一家人一起吃早餐的情景。尽管一家老小和狗狗挡住了桌上的吃食，小女儿（应该是拉松的女儿布里塔）却转身朝向画面之外，手里拿着吃麦片用的勺子。画作运用各种红、蓝、绿和中性色调，呈现出平静祥和的氛围，正是拉松的标志性风格。作为瑞典工艺美术运动（Swedish Arts and Crafts movement）的一部分，拉松用画笔勾勒出瑞典人暖意融融的家庭生活。一家人共进早餐，分享一锅粥，正是一个治愈的画面。粥在此类情景画面中，不仅是具体的早餐食品，更蕴含着治愈的力量。家人和朋友才是人生最好的慰藉。

《银桦树下的早餐》，收录于画集《我们的家》，
卡尔·拉松，水彩画，1895年。

日出之食
谷物早餐小史

电视上也不乏粥的身影。1974年开播的英剧《粥》（*Porridge*），借用了"粥"在英国俚语中指代"坐牢"的意思。19世纪、20世纪的英国监狱，提供给犯人的早餐就是一碗薄粥。剧集背景设定为英国某监狱，讲述了惯犯诺曼·斯坦利·弗莱彻在狱中的各种经历。尽管讲的是监狱故事，但《粥》是一部轻松的情景喜剧，有多部特别篇和电影版。2017年，还推出了同名电视节目，主人公变成了弗莱彻的儿子。很遗憾，《粥》在英国以外的国家一直没能引起太大波澜，尽管在不少国家进行了翻拍，但都没能像原版剧集那样大获成功。

19世纪非洲恩古尼人的带盖木质容器被认为是粥罐，是粥糊类食品在非洲视觉艺术中的体现。罐身用一整块木头雕刻，另配单独的器盖。器身表面雕刻有细腻的纹理，说明这个罐子除了用作粥罐之外，更是一件艺术品，也可能就是作为艺术品而诞生，完全不用作日常器皿。罐子的外层包裹结构由底座、足、

19世纪的带盖木质容器。

日出之食
谷物早餐小史

耳、中间环带组成。器身满雕弦纹，或许是模仿织物质地。不管是作为暖暖的早餐，还是全天食用，粥在恩古尼人的生活中占据着重要地位，足以当得起盛装在这样一件艺术品里。

节庆活动

农业展览会和丰收庆典在美国和加拿大的文化中占有重要地位。在现代早餐麦片的发源地——美国密歇根巴特尔克里克，源自当地的两大早餐麦片公司家乐氏和宝氏，每年都会举办全国性的麦片节（Cereal Fest）。麦片节的各类活动都在家乐氏体育场（Kellogg Arena）举行，有全城的巡游活动，有各家销售商参加，还有各种娱乐项目。每年夏季举办的麦片节，是巴特尔克里克通过早餐麦片进行自我宣传的好机会。

感恩节用来庆祝美洲本土作物玉米的大丰收，也是南瓜、豆类和其他各种作物的丰收庆典。时值丰收金秋的感恩节，在美国、加拿大两国的时间并不相同。因为节令不同，美国人的感恩节在11月底，而加拿大人则在10月中旬庆祝丰收。亲友汇聚一堂，庆祝丰收，感恩收获。各地具有代表性的粥类食品一定会出现在庆典的午餐或晚餐中。

欧洲也有谷物早餐庆典。苏格兰一年一度的粥糊节"金搅粥棒世界煮粥锦标赛"（Golden Spurtle World Porridge Making Championship）以苏格兰传统的木质搅粥棒（spurtle）命名，苏格兰人用这种厨具来搅拌锅中的燕麦粥。这项比赛已经成为燕麦粥烹煮年度大赛，奖品就是用金子做成的搅粥棒。"煮粥锦标赛"诞生于1994年，现在已是当地的一大热门旅游项目。每年10月10日的世界粥日（World Porridge Day），"煮粥锦标赛"会联手本地的食品银行和其他慈善机构，共同组织活动。

在中国，每年腊月初八的腊八节一早，人们会在施粥的寺庙前排起长队。腊八粥由大米、豆子、干果熬煮而成，由此得名八宝粥。一年下来剩在缸底的各类豆谷和干果，质地硬实，归总起来熬煮成美味的腊八粥。关于腊八节的起源，有种说法是为了庆祝公元前5世纪佛祖在35岁时悟道。佛祖忍饥挨饿以求得道，后来顿悟这并非解脱之道。其时，恰有一年轻妇人送上一碗淡粥，佛祖甘之如饴。因此，每年腊八节，中国人会在寺庙前排起长队，捧回一碗热气腾腾的腊八粥当作早餐，甚至有外国游客也会加入这个队伍。

土耳其也有类似的风俗传统。在每年的阿舒拉日，土耳其人会用大麦、鹰嘴豆、白豆、果干、坚果和香料熬煮传统的阿舒拉粥。相传，在旅程接近尾声的时候，挪亚方舟上的食物即将耗尽，挪亚一家把手边仅剩的食物放在一起煮成了阿舒拉粥，庆祝最终抵达阿勒山。现在，阿舒拉粥作为阿舒拉日的节庆食品，在节日当天全天都可食用，与至亲好友共同分享。

本书作者煮的腊八粥（八宝粥），拍摄于2021年。

其他文化产物

2013年，纽约食品饮料博物馆的首批展览中包括"砰！膨化枪与早餐麦片的崛起"（BOOM! The Puffing Gun and the Rise of Breakfast Cereal），展现了早餐麦片背后的科技力量，特别是膨化枪的发明催生了"Kix"、晶磨和"Corn Pops"等品牌，可以说对早餐麦片业起到了形塑的作用。这个展览就像是膨化枪最初面世的"平行文本"：1904年，在密苏里州圣路易斯的路易斯安那采购博览会上，亚历山大·安德森现场演示了用膨化枪制作大米泡芙，让美国谷物公司展台前的观众们激动不已。

2007年，维多麦和维多麦种植者集团（Weetabix Growers Group）在英国联合举办了以农场稻草捆搭建维多麦主题雕塑比赛。参赛作品包括"吃维多麦麦片的熊""带着维多麦麦片盒子的华莱士和格罗米特""拖着巨大维多麦麦片盒子的拖拉机"等。比赛的一大初衷是宣传品牌致力于从工厂方圆80公里内的农场进货原料谷物。就地取材，不仅增强了公司的品牌正面影响，也让原料供货地风光不少。

2010年，联合国教科文组织将墨西哥传统饮食列入《人类非物质文化遗产代表作名录》，包含作为墨西哥饮食基础的玉米、豆类、辣椒"三驾马车"，传统耕作技术，玉米灰化等食物加工技术，每年11月1日亡灵节期间的食物祭品。尽管亡灵节不是庆祝玉米丰收的节日，但在亡灵节上会饮用传统的调味玉米汁"*atole*"。一杯"*atole*"用粗磨玉米粉打底，冲水，加糖和肉桂，可以加香草提味，再加巧克力或其他香料。在亡灵节这样的秋日晚上，一杯浓郁的"*atole*"，让人倍感舒适。玉米是所有人类文明的基础谷物，源于今天的墨西哥。因此，各种玉米粥糊对墨西哥文化的重要意义，无论如何强调，都不为过，既是墨西哥早餐的重要部分，也渗透在墨西哥文化的肌理中。

2017年，被列入《联合国教科文组织非物质遗产名录》的马拉维烹饪传统中也包括叫作恩西玛的玉米粥。这种浓玉米粥在各地的名字五花八门，比如"*pap*""*fufu*"（有各式各样的拼写方式），以及"*mieliepap*"、"*sadza*"、乌伽黎。独特的准备方法代代相传。舂捣恩西玛和其他类似玉米糊的过程，和传统的生活方式紧密相连，既是日常生活的一部分，也出现在各地区的庆典中，以此绵延相传。玉米粥糊是烹饪的主要原料，既可以是午餐时的浆糊，也可以配上肉类或其他咸味配料当作晚餐，或者加热之后当成暖暖的早餐。

2015年，恩瓦比萨·姆达（Nwabisa Mda）、特姆贝·马拉巴（Thembe Mahlaba）和邦盖卡·马桑戈（Bongeka Masango）在南非创立了油管（YouTube）视频号"*Pap Culture*"。截至21世纪20年代初，账号点击观看量已逾百万次，有万余人订阅，收到各类重要通知。"*Pap Culture*"视频号每周三更新，关注与南非年轻人息息相关的问题。三位创始人在油管主页上写

春捣玉米糊"*fufu*"，拍摄于2020年。

道，他们希望"观众能开怀大笑，敞开心扉"，并"探讨与年轻人息息相关的问题"。像这样一个关注南非文化，尤其是关注南非年轻人的视频号，用南非的代表性粥糊"*pap*"来取名，恰如其分。

Breakfast Cereal
A GLOBAL HISTORY

6

谷物早餐的未来

谷物早餐历史悠久，卓尔不凡，出人意料。不妨也来设想一下谷物早餐的未来：会不会越变越好，变得更健康、口味更多、功能更强？和基本没有任何品牌的传统粥糊相比，冷食谷物早餐的前景是否会不同？迈克尔·波伦不惜篇幅地反对加工食品，谨慎瞄准即食谷物早餐的"炼金术"，几乎有种反乌托邦的意味。对未来谷物早餐反乌托邦式的看法，是虚构出来的，不是写实的新闻报道，经常会回到营养丰富的功能性粥糊，而非即食谷物。这些新粥糊味道不佳，但包含的基本营养物质能保证大灾过后人类的健康。原始的粥糊滋养过古罗马的角斗士，喂饱过古埃及的奴隶劳工，养活了不计其数的人。而重新构想出来的原始粥糊也是对约翰·哈维·凯洛格预消化谷物早餐的一种延续。这些重构的新粥糊在科幻作品中屡见不鲜，像是在电影《黑客帝国》（*The Matrix*, 1999）和丧尸小说《第一区》（*Zone One*, 2011）中都提到了粥糊，当然也少不了电影《绿色食品》（*Soylent Green*, 1973）里标志性的营养丰富却是用尸体做成的"粥糊有罪"（porridge-gone-wrong）饼干。除了反乌托邦故事，对谷物早餐前景的设想当然不止一种，近些年出现的趋势，已经预兆出其他的路径。

早餐麦片公司在20世纪的大部分时间里，已经从包装食品中挣得盆满钵满。但在21世纪，不是所有的公司都还能在早餐麦片市场上盈利。哪怕只是把牛奶和麦片倒进碗里，吃掉，然后洗碗，大家都已经不愿意多花这一点时间。现代人的生活越发忙碌，花在早餐上的时间也在压缩。大家都在寻求能拿在手里、边走边吃的早餐。

早餐麦片公司当然要推出新品，迎合这种新的消费需求。各家公司推出了谷物早餐棒，也就是格兰诺拉麦片棒或是木斯里麦片棒，跟上当今社会的步伐。

谷物棒既能当作加餐，也可以当成零食，以其方便食用而大获青睐。不过，谷物早餐棒的含糖量不输糖果，"全谷物"的价值也被其他各类不健康的添加成分抵消。而且，格兰诺拉麦片棒和木斯里麦片棒里的维生素和矿物质成分未必比得上其他即食早餐麦片。然而，谷物棒还是掀起了新的潮流，各大早餐麦片公司都开发了专门的谷物棒副线品牌。这一趋势很可能会愈演愈烈。

食品店和超市一般把格兰诺拉麦片棒和木斯里麦片棒与其他早餐麦片包装产品放在同一货架销售。家乐氏公司有"Special K"和"Kashi"蛋白棒副线品牌，还有用卜卜米、"Apple Jacks"和"Corn Pops"等含糖麦片制成的"零食棒"。通用磨坊公司推出了天然山谷（Nature Valley）格兰诺拉麦片棒，桂格燕麦公司推出了"Quaker Chewy"格兰诺拉麦片棒，雀巢公司推出了托比叔叔（Uncle Toby's）木斯里麦片棒。有意思的是，宝氏公司没有采取任何行动。一些小品牌公司也

格兰诺拉麦片棒。

开始生产能量谷物棒。克里夫能量棒（Clif Bar）公司专门生产能量棒和其他能量食品，拒绝了桂格燕麦公司的收购。据克里夫能量棒公司官网介绍，该公司已发展壮大为国际公司，2007年开始进入英国市场。忙到连冷食谷物早餐都没时间吃的人，可以转向前述各种产品寻求解决方案。

随着其他方便的早餐产品的崛起，麦片不再是市场上的王牌。早餐麦片公司想尽办法应对21世纪的市场新走向，比如向尚未被征服的市场进军，尤其是人口稠密的亚太地区市场。21世纪将近走完四分之一，北美和欧洲依然是早餐麦片的主要市场。但随便走进一家亚太地区主要城市的超市，比如台北的超市，都能看到摆满早餐麦片产品的货架，只是产品的吉祥物、口味和语言有所不同。亚太地区的市场规模难以忽视，想要进军该地区的绝不仅仅是早餐麦片公司。不过，这里的人们更习惯吃咸味的早餐，一般是米饭配酱汁、鱼和其他肉类。要让全世界一半的人口彻底

中国台湾某商店中的麦片货架，有些包装盒上
有产品的中文名称。

日出之食
谷物早餐小史

改变早餐习惯，确实是难上加难。但是早餐麦片公司无法放弃亚太地区如此巨大的市场，因此不遗余力地想要完成这个不可能的任务。亚太地区的早餐习惯在未来几年内或许会向西方靠拢。

早餐麦片公司也在鼓励人们把麦片当作其他几餐的食物，以此获得更多市场。比如，越来越多的大学生任意一餐都会用麦片充饥。麦片中含有维生素、天然谷物，用牛奶冲泡，还增添了蛋白质。对忙碌的学生来说，麦片不算是糟糕之选。因此，越来越多的大学食堂在自助餐中提供即食早餐麦片——而不仅仅是在预定的用餐时间——以及牛奶。不管是当作零食，还是代替一顿正餐，麦片都相对健康一些。而且，学生毕业之后，走入职场，成为忙碌的"打工人"，他们可能会继续用麦片当晚餐。由此，就像历史上的粥糊一样，麦片走出了早餐的"藩篱"，在一天中随时可以享用。

早餐麦片的早期开创者根据自己的营养学知识，

上图：米花糖（Rice Krispie Treats），早餐麦片也可以是好吃的甜点。

左图：酸奶芭菲，在长玻璃杯中加入酸奶、水果以及格兰诺拉麦片。

日出之食
谷物早餐小史

希望食品更易于人体消化吸收。但是现代营养学家发现，通过加工食品快速摄入卡路里是导致肥胖在美国和全球蔓延的一大原因。美国疾病控制中心称，美国近五分之一的儿童都是肥胖儿童。世界卫生组织的全球数据也证实了这一点：1975—2016年，全球儿童肥胖和超重发生率从4%升至18%。事实上，除了撒哈拉以南非洲和亚洲，世界其他地区都是超重人口多于体重不足人口。随着发展中国家的饮食不断西化，西方疾病的发生率也越来越高。美国农业部2020—2025年膳食指南指出，甜味早餐麦片是美国饮食中添加糖的主要来源之一，其他来源还包括甜品、糖果和零食。仅就此例而言，早餐麦片肯定不属于均衡饮食的队伍。美国农业部推荐选择低糖的天然谷物即食麦片，同时指出天然谷物食品的摄入量低于推荐水平。虽然天然谷物的摄入量不足，但精致谷物产品的摄入仍然导致谷物总体摄入量过高。燕麦粥等即食谷物早餐是美国儿童和青少年的天然谷物主要摄入源。农业部的推荐适合除婴儿以外的各年龄段人群。[1]

　　另外，在20世纪时，过分强调冷食谷物早餐的功能特性，宣传此类谷物产品含有补充营养成分，导致冷食谷物早餐成为一种高级食品。目前，越来越多的人对这种论调表示担忧。沃伦·贝拉斯科（Warren Belasco）指出，把早餐麦片当作功能性食品属于危险之举。1999年，美国食品加工产业协会（Grocery Manufacturers of America）对通过科学手段向食品中添加微量营养素的做法表示担忧。贝拉斯科援引报告中的话说道，"今天对某成分或产品益处大加肯定的研究，明天可能就会被证明无效甚至是完全错误"。[2]这样的情况现在实在是太过常见。总是会有各种各样的热门微量营养素被添加到食品当中，但生产商通常不了解营养素在人体内的吸收情况，也不知道人体会对其作出何种反应。而富含水果、蔬菜、天然谷物的多样化饮食总归是最健康的食物，一日三餐都适于食用。

除健康问题之外，2020年，早餐麦片又登上了美国的媒体头条。其时，新冠肺炎疫情当道，世界各地正经历封城等各种问题，正常生活一度被打乱，基本生活用品出现短缺。不仅是抗菌和清洁产品这样的敏感用品，还有其他一些出人意料的产品也被抢购一空，比如宝氏葡萄坚果早餐麦片。由于对这种普普通通却又怀旧感十足的早餐麦片需求增加，而疫情防控又导致产量下降，于是产品库存消耗殆尽。消费者们却下定决心要买到葡萄坚果早餐麦片，于是催生了强劲的"麦片黑市"，大家在网店里争相购买加价的麦片。葡萄坚果早餐麦片这类看似平淡无奇的主食在疫情期间突然身价大增，新闻记者费尽心思想要弄明白背后的原因。2021年年初，产品短缺终于结束，宝氏消费品牌公司在官网上感谢广大消费者对品牌不离不弃的热爱，宣布将发放各种优惠券和奖品作为答谢。[3]2020年，早餐麦片已经出现长期经济下滑，但当疫情来袭，消费者重拾在家吃早餐的习惯，在食物中获

2020年新冠肺炎疫情导致葡萄坚果早餐麦片脱销。

日出之食
谷物早餐小史

得治愈，早餐麦片的销量随即大涨。其实，这早已是早餐麦片行业颠扑不破的真理。威尔·基思·凯洛格在20世纪30年代大萧条席卷美国时就已经发现这个规律。

以此，谷物早餐的历史把眼光投向了未来。即食谷物早餐行业自诞生以来就与资本主义和跨国公司深深羁绊，"一夜暴富"向来是行业发展史无法分割的一部分，会一直存在下去。但是，即食谷物早餐的发展史也有崇高的目标：推动时代的健康运动，反对肉类生产的快速增长及其健康恶果，渴望改善个体健康、推进文化发展、引入营养科学。约翰·哈维·凯洛格和他的一众竞争对手、追随者，出于对营养学的认知，希望生产出更易于消化的食物，却万万没有想到，他们所坚信、坚守的，恰恰被现代营养学家全盘否定。不过，凯洛格肯定不会认同现在这些新式即食谷物早餐的生产做法——添加过量的糖分和高度加工的原料，已经背离了初衷。所以，如果凯洛格和追寻他足迹的后来人——更不用说无数动手熬煮粥糊的前人——能够看到早餐麦片产品无论再如何改变形状或是形式，都没有前途可言，他们一定会倍感欣慰。人们总归需要一些治愈，需要天然谷物，需要用"均衡的方式"打破前一晚的禁食，元气满满地开启新的一天。

Breakfast Cereal

A GLOBAL HISTORY

食 谱

早期谷物早餐食谱

玉米粥

选嫩玉米，取玉米粒。每品脱玉米粒最多加入1夸脱牛奶。把玉米粒和牛奶放入锅中，搅拌均匀，煮至玉米粒软糯。加入少量裹有面粉的新鲜黄油，熬煮5分钟。拌入4个打散的蛋黄，加热3分钟后离火。把粥盛出来，趁热上桌，加入适量新鲜黄油，搅拌均匀。也可加入糖和肉豆蔻。

桂格燕麦早餐粥

选用双层锅，以防煳锅。

使用刚煮开的水，不要使用壶中的隔夜水。

在水中加入盐调味后，再加入燕麦片。

一份桂格燕麦片配两份水，在刚煮开的水中加入燕麦片，边加边缓慢搅拌，以防燕麦片成团结块，确保充分散开。熬煮20—30分钟，如果时间允许，再转小火慢炖30分钟，味道更佳。

使用双层锅时，熬煮过程中切勿搅拌。盖严锅盖。也可使用牛奶代替水，或依个人口味，牛奶和水各用一半。

趁热上桌，根据喜好可加入糖、奶油或糖浆。

桂格燕麦面包

半块酵母溶于一杯半温水中，筛入半杯面粉，做成发酵面团隔夜放置。第二天早起，在一杯桂格燕麦片中倒入一杯开水，加2汤匙糖、一小撮盐。将混合物倒入发酵面团中，加入小麦粉，边加边搅动，直至搅不动为止。充分发酵后，烘烤1小时。

日出之食
谷物早餐小史

比歇尔木斯里

· 1汤匙燕麦片，加入3汤匙冷水，浸泡12小时

· 1汤匙蜂蜜

· ½汤匙柠檬汁

· 1个大苹果或2个小苹果，带皮擦丝

· 1汤匙榛子碎或杏仁碎

　　燕麦片在水中浸泡，隔夜放置。第二天早起，苹果擦丝，加入燕麦片中。搅入柠檬汁。加入坚果碎。倒入牛奶，滴入蜂蜜。

现代版老式格兰诺拉麦片

· 360克（4杯）传统燕麦片

· 225克（1½杯）生坚果

· 1茶匙海盐

· 1茶匙肉桂粉

· 120毫升（½杯）橄榄油，也可使用菜籽油或椰子油

· 120毫升（½杯）枫糖浆，也可使用蜂蜜

· 1茶匙香草精

· 160克（1杯）水果干

烤箱预热至180℃（350°F），把烘焙纸铺在烤盘上。在大碗中加入燕麦片、坚果、海盐、肉桂粉，混合均匀。倒入油、枫糖浆或蜂蜜、香草精。搅拌至所有原料充分混合。把混合物平铺在烘焙纸上。烘烤20—25分钟，中间需要搅动，烤至呈淡金黄色。静置至少45分钟，待格兰诺拉麦片冷却、晾干。晾干后，口感更脆。撒上水果干。用手掰成大块，或用勺子搅碎。放入密闭容器中，可保存1—2周，冷冻可保存3个月。

"*Slap Pap*"

——早餐版 "*Pap*"

"*Slap Pap*" 是口感细腻的粗玉米粉早餐粥, 可搭配牛奶、少许糖和黄油。

- 125克（1杯）粗玉米粉
- 1升（4杯）水
- 1茶匙盐
- 1汤匙黄油

锅盖盖严, 锅中煮水, 加盐。水开后, 搅入粗玉米粉。小火慢熬至少30分钟, 盖严锅盖。加入黄油。可搭配牛奶、糖或蜂蜜。

韩式米粥

韩式米粥是美味的早餐,也可以在一天当中随时享用,尤其适合寒冷的冬天。

· 150克(1杯)圆粒大米或糯米

· 1.5升(6杯)鸡汤

· 1根中等大小的胡萝卜

· 1根中等大小的芹菜

· 4—6颗口蘑

· 135克(1杯)碎鸡肉,加盐、胡椒、大蒜腌制

· 1—2汤匙香油

· 小葱切末(可不用)

· 芝麻粒(可不用)

大米浸泡1小时,沥干水。蔬菜切碎。在汤锅中加入1—2汤匙香油。锅中加入大米,中火微煎3—5分钟,直至米粒半透明。倒入鸡汤,煮沸。继续煨煮20—

25分钟，不时搅动，直至米粒全熟。加入蔬菜，搅动，盖上锅盖小火煨煮10—15分钟，直至蔬菜变软。按个人口味加入更多鸡汤或水，调整粥的浓稠度。最后加入已经腌好的鸡肉，边加边搅拌。可以留一些鸡肉做小菜。加入适量盐和胡椒。撒上其他配料，趁热上桌。

节庆谷物早餐食谱

在一些国家,会把谷物早餐当作节庆粥糊或甜品。下面两个食谱既可以当作早餐,也可以当作甜品。

腊八粥 (八宝粥)

- 150克(1杯)糯米
- 100克(¾杯)红豆、紫米或糙米
- 50克(⅓杯)葡萄干、花生、腰果、干红枣
- 50克(⅓杯)莲子、松子
- 75克(½杯)糖
- 粥熬好以后可额外加入桂圆、其他干果

压力锅食谱

除红糖以外的所有干料放入压力锅中,加2升(8杯)水。高压挡,25分钟。计时结束后,自然放气(切记,以防米糊堵住出气口)。放气结束后,搅匀,加

入适量糖,趁热上桌。

炉灶食谱

　　糯米、其他米、坚果和红豆用水浸泡,隔夜放置。熬粥前完全沥干水分。将泡好的米、坚果、豆类和其他原料一起放入锅中。加入2.5升(10杯)水。中高火加热至沸腾。转至低火,加盖熬煮(锅盖留出缝隙,防止溢锅)。熬煮40分钟,粥体较稀;熬煮60分钟,粥体较稠。加入适量糖搅拌均匀,趁热上桌。

阿舒拉粥

　　严格来说，这个食谱不是谷物早餐，而是甜品。应该是挪亚和方舟上其他人一起分享的一种谷物甜品。在方舟上航行了一段时间之后，他们的食物逐渐变少，大家把手边所有的食材都放进锅里熬煮，就得到了这个食谱中的美味节庆甜品。

· 400克（2杯）大麦或整粒小麦，隔夜浸泡、沥水

· 300克（1½杯）或1罐鹰嘴豆，冲洗、沥水

· 300克（1½杯）或1罐白豆，冲洗、沥水

· 50克（¼杯）生大米

· 3汤匙葡萄干

· 3汤匙松子

· 95克（½杯）杏干，粗切

· 95克（½杯）无花果干，粗切

· 75克（½杯）杏仁、核桃、开心果或花生，粗切

· 440克（2杯）糖

- 1根肉桂

- 1个橙子, 取皮

- 1个柠檬, 取皮

- 1汤匙玫瑰露 (可不用)

　　大麦或其他谷类预先煮好, 加入鹰嘴豆、白豆、大米、干果、坚果、肉桂、糖、果皮和玫瑰露 (不加也可以)。根据实际情况, 再加入一些水, 没过所有食材。加热煮沸, 不时搅拌, 熬煮约20分钟, 直至粥体黏稠。关火, 分装到小碗中, 或盛入一个大碗中。盖上碗盖后冷藏数小时。食用时可加入额外的配料, 如松子、开心果或切碎的干果。

甜食食谱/甜点

即食谷物早餐诞生伊始，就定位为清晨吃到的第一口健康食品。不过，随着它们被包装出售、推向大众市场，即食谷物早餐中添加糖分，和甜品等含糖类食物联系在一起。与甜品的牵扯几乎贯穿了冷食谷物早餐的历史。下面的几个食谱来自世界各地，凸显了早餐麦片的甜食特性。

葡萄坚果早餐麦片烤苹果

· 6平汤匙葡萄坚果早餐麦片或 "All-Bran Buds" 麦片或其他麦麸麦片

· 6个苹果（最好是青苹果）

· 150克（¾杯）糖

· 120毫升（½杯）水

· 1个柠檬（可不用）

苹果洗净、去核，放在烤盘中。向苹果内填入葡萄坚果早餐麦片或其他麦片、糖，滴几滴柠檬汁或在每个苹果上放一片柠檬。烤盘中加水，慢烤。出炉后，撒上糖粉。

葡萄坚果早餐麦片冰激凌（食谱一）

· 120克（1杯）葡萄坚果早餐麦片或"All-Bran Buds"麦
  片或其他麦麸麦片
· 950毫升（1夸脱）奶油（高脂厚奶油）
· 4平汤匙糖
· 1平茶匙杏仁精
· 1平茶匙香草精

　　隔水加热470毫升（1品脱）奶油，趁热加入葡萄
坚果早餐麦片或其他麦片、糖。搅拌均匀，放凉后加
入剩余的奶油和调味品。放入冰激凌机，按说明操
作；或放入冰箱冷冻3—4小时，不时搅拌。依据个人
口味，可用1汤匙雪利酒代替食谱中的香精。

葡萄坚果早餐麦片冰激凌（食谱二）

　　准备好香草冰激凌。在冰激凌凝固前加入葡萄坚
果早餐麦片，比例为每3.75升（1加仑）冰激凌加入1杯
葡萄坚果早餐麦片。这样既能保持麦片香脆的口感，
又能赋予冰激凌坚果的香味，更加可口。

米花糖

- 170克（¾杯）无盐黄油
- 285克（20盎司）迷你棉花软糖
- ¼茶匙海盐
- 225克（9杯）香脆米麦片

23厘米×33厘米的平底锅或相似的锅，用黄油热锅。另取一大锅，中低火融化黄油，经常搅动，及时搅散锅底的颗粒。注意，黄油极易烧煳。煮至焦黄，散发出坚果香气即可。及时关火，倒入棉花软糖，边倒边搅拌，直至棉花软糖完全融化。加入海盐和米麦片，边加边搅拌。迅速平铺到平底锅中，注意边角部分充分按压。静置30分钟，待其冷却，也可延长到45分钟。切成小块，冷食，或室温下食用。

维多麦巧克力脆曲奇饼

- 150克（⅔杯）无盐黄油，软化
- 3汤匙素油
- 110克（½杯）赤砂糖
- 2汤匙糖浆（金黄糖浆或枫糖浆，可用龙舌兰糖浆替代）
- 60毫升（¼杯）牛奶
- 200克（1½杯）通用面粉或普通面粉
- 1茶匙泡打粉
- 50克（½杯）燕麦片
- ¼茶匙盐
- 3条维多麦麦片棒（可用"Shredded Wheat"替代）
- 160克（1杯）巧克力碎

　　烤箱预热至180℃（350℉），把烘焙纸铺在烤盘上。在大碗中加入软化的黄油、素油、赤砂糖和糖浆，混合均匀。加入牛奶，混合。筛入面粉和泡打粉，加入燕麦片、盐和掰碎的维多麦麦片棒或其他替代品。用手搅拌均匀。最后搅入巧克力碎。用汤匙舀出混合物，做成曲奇饼，轻轻拍扁。此用量大约可做20块曲奇饼。烘烤8—10分钟，烤至金棕色，置于晾网上冷却。放入密闭容器中，可保存1周。

注　释

前　言

1　Rachel Laudan, *Cuisine and Empire: Cooking in World History* (Berkeley, ca, 2013), p. 314.

2　Antonia Affinita et al., 'Breakfast: A Multidisciplinary Approach', *Italian Journal of Pediatrics*, xxxix/44 (2013), pp. 1–3.

1　世界粥糊地图

1　Catherine Zabinski, *Amber Waves: The Extraordinary Biography of Wheat, from Wild Grass to World Megacrop* (Chicago, il, 2020), p. 62.

2　Andrew Dalby, *The Breakfast Book* (London, 2013), p. 25.

3　Heather Arndt Anderson, *Breakfast: A History* (New

York, 2013), pp. 5–6.

4   Zabinski, *Amber Waves*, pp. 41–2.

5   Renee Marton, *Rice: A Global History* (London, 2014), pp. 30–35.

6   不是所有的玉米都能供人类食用。全球很多玉米种植都是用作动物饲料，以及用于美国的乙醇生产。

7   Marton, *Rice*, p. 109.

8   Adrián Recinos, *Popul Vuh: A Sacred Book of the Ancient Quiché Maya*, trans. Delia Goetz and Sylvanus G. Morley (Norman, ok, 1950), p. 167.

9   Anderson, *Breakfast*, p. 34.

10   James C. McCann, *Stirring the Pot: A History of African Cuisine* (Columbus, oh, 2010), p. 204.

11   Anderson, *Breakfast*, p. 8.

12   Jane Austen, *Emma* [1815] (London, 1896), p. 88.

2 冷食谷物早餐的发明

1 Heather Arndt Anderson, *Breakfast: A History* (New York, 2013), p. 17.

2 Scott Bruce and Bill Crawford, *Cerealizing America: The Unsweetened Story of American Breakfast Cereal* (Winchester, ma, 1995), p. xiv.

3 Anderson, *Breakfast*, p. 21.

4 Much of this information is based on original materials from the John Harvey Kellogg papers at Michigan State University (msu) Archives and Historical Collections, box 5.

5 John Harvey Kellogg, *Flaked Cereals and Process of Preparing Same*, u.s.558393a, United States Patent Office (Washington, dc, 1896), lines 72–7.

6 MSU JH Kellogg papers, box 8.

7 Gerald Carson, *Cornflake Crusade* (New York, 1957), p. 162.

8　Bruce and Crawford, *Cerealizing America*, p. 38.

9　Anderson, *Breakfast*, p. 39.

3　19世纪以来的世界各地谷物早餐

1　See Frank Fayant, 'The Industry that Cooks the World's Breakfast', *Success Magazine*, vi/108 (1903), p. 281.

2　Gerald Carson, *Cornflake Crusade* (New York, 1957), p. 6.

3　Heather Arndt Anderson, *Breakfast: A History* (New York, 2013), p. 39; Paul Griminger, 'Casimir Funk: A Biographical Sketch (1884–1967)', *Journal of Nutrition*, cii/9 (1972), pp. 1105–13; S. Sugasawa, 'History of Japanese Natural Product Research', *Pure and Applied Chemistry*, ix/1 (1964), pp. 1–20.

4　Scott Bruce and Bill Crawford, *Cerealizing America: The Unsweetened Story of American Breakfast Cereal* (Winchester, ma, 1995), pp. 103–4.

5　See www.sanitarium.com.au, www.weetbix.com.au and

www.sanitarium.co.nz, accessed 22 August 2021.

6　Bruce and Crawford, *Cerealizing America*, pp. 243–6.

7　Anderson, *Breakfast*, pp. 38–9.

8　J. K. Rowling, *Harry Potter and the Philosopher's Stone* (London, 1997), pp. 8, 36.

9　J. K. Rowling, *Harry Potter and the Chamber of Secrets* (London, 1998), p. 68.

10　Derek Oddy and Derek S. Miller, 'The Consumer Revolution', in *The Making of the Modern British Diet*, ed. Derek Oddy and Derek S. Miller (London, 1976), p. 33.

4　市场营销与谷物早餐

1　Saki (H. H. Munro), 'Filboid Studge', in *Humor, Horror, and the Supernatural: 22 Stories by Saki* (New York, 1977), p. 50.

2　Scott Bruce and Bill Crawford, *Cerealizing America: The Unsweetened Story of American Breakfast Cereal*

(Winchester, ma, 1995), p. 28.

3 Lynne Morioka, 'Go Back in Time with Retro Cereal Boxes', General Mills, http://blog.generalmills.com, 26 February 2014.

4 Bruce and Crawford, *Cerealizing America*, pp. 40–41.

5 See www.ricekrispies.com, www.kelloggs.com, www.weetabixfoodcompany.co.uk, www.kelloggs.com.ar and www.nestle-cereals.com, accessed 21 October 2021.

6 Bruce and Crawford, *Cerealizing America*, p. 76; Heather Arndt Anderson, *Breakfast: A History* (New York, 2013), p. 23.

7 Bruce and Crawford, *Cerealizing America*, pp. 77–9.

8 Ibid., p. 82.

9 Ibid., p. 115. Julie Power, 'Soap Opera Ode to Joy propels Weet-Bix Push into China', *Sydney Morning Herald*, www.smh. com.au, 19 October 2016.

10 Bruce and Crawford, *Cerealizing America*, pp. 93–4;

Anderson, *Breakfast*, pp. 181–2.

11 Anderson, *Breakfast*, p. 108.

12 Ibid. See also Adena Pinto et al., 'Food and Beverage Advertising to Children and Adolescents on Television: A Baseline Study', *International Journal of Environmental Research and Public Health*, xvii/6 (2020), available at www.mdpi.com; Sally Mancini and Jennifer Harris, 'Policy Changes to Reduce Unhealthy Food and Beverage Marketing to Children in 2016 and 2017', Rudd Brief, April 2018, https://uconnruddcenter. org; 'Local School Wellness Policy', usda *Food and Nutrition Service*, 19 December 2019, www.fns.usda.gov.

13 Kevin Lynch, 'Record Trio for Dubai as City Tucks into the World's Largest Cereal Breakfast', Guinness World Records, www.guinnessworldrecords.com, 2 May 2013; Rachel Swatman, 'Cereal Brand Breaks Two World Records as Thousands Attend Group

Breakfast in Lebanon', Guinness World Records, www. guinnessworldrecords.com, 12 October 2016; 'Honda Cereal Box', ads Archive, https://adsarchive.com, accessed 15 April 2020; 'The Controversial Breakfast Twitter Can't Swallow', bbc Food, www.bbc.co.uk, accessed 30 March 2020.

5　艺术与文化中的谷物早餐

1　Jamaica Kincaid, 'Biography of a Dress', *Grand Street*, xi (1992), pp. 92–3.

2　Margaret Atwood, *MaddAddam* (Toronto, 2013), pp. 140–41; Margaret Atwood, *The Edible Woman* (Toronto, 1969), p. 4; Margaret Atwood, 'Spotty-Handed Villainesses: Problems of Female Bad Behaviour', in *Curious Pursuits: Occasional Writing* (London, 2005), p. 173.

3　Liane Moriarty, *What Alice Forgot* (Sydney, 2009), p.

日出之食
谷物早餐小史

367; Liane Moriarty, *The Husband's Secret* (Sydney, 2013), p. 355.

4   Joel Barlow, 'The Hasty-Pudding' (1796), in *American Poetry: The Seventeenth and Eighteenth Centuries*, ed. David S. Shields (New York, 2007), p. 808.

5   Toni Morrison, *Song of Solomon* (New York, 1977), p. 283.

6   Pablo Neruda, *All the Odes: A Bilingual Edition*, ed. Ilan Stavans (New York, 2017), p. 407.

7   Cao Xueqin, *Hung Lo Meng; or, The Dream of the Red Chamber*, vol. i, trans. H. Bencraft Joly (Hong Kong, 1892), p. 200.

8   See Lisa Yannucci's version on www.mamalisa.com for an English translation and discussion of the song, accessed 15 November 2021.

6 谷物早餐的未来

1 Centers for Disease Control and Prevention, 'Childhood Overweight and Obesity', www.cdc.gov, accessed 17 October 2021; World Health Organization, 'Obesity', www.who.int, accessed 17 October 2021; u.s. Department of Agriculture and u.s. Department of Health and Human Services, *Dietary Guidelines for Americans*, 2020–2025, 9th edn, December 2020, www.dietaryguidelines.gov, pp. 76, 103.

2 Warren Belasco, *Meals to Come: A History of the Future of Food* (Berkeley, ca, 2006), p. 255.

3 'Love Is in the Bowl: Grape-Nuts Cereal Announces Updated Return Date', Post Consumer Brands, www.postconsumerbrands.com, 11 February 2021.

参考文献

Adichie, Chimamanda Ngozi, *Americanah* (New York, 2013)

Affinita, Antonia, et al., 'Breakfast: A Multidisciplinary Approach', *Italian Journal of Pediatrics*, xxxix/44 (2013) Anderson, Heather Arndt, *Breakfast: A History* (New York, 2013)

Atwood, Margaret, *The Edible Woman* (Toronto, 1969)

—, *MaddAddam* (Toronto, 2013)

Austen, Jane, *Emma* (London, 1815)

Bauch, Nicholas, *A Geography of Digestion: Biotechnology and the Kellogg Cereal Enterprise* (Berkeley, ca, 2017)

Belasco, Warren, *Meals to Come: A History of the Future of Food* (Berkeley, ca, 2006)

Boyle, T. C., *The Road to Wellville* (New York, 1993)

Bruce, Scott, and Bill Crawford, *Cerealizing America: The Unsweetened Story of American Breakfast Cereal* (Winchester, ma, 1995)

Carroll, Abigail, *Three Squares: The Invention of the American Meal* (New York, 2013)

Carson, Gerald, *Cornflake Crusade* (New York, 1957)

Clausi, Adolph S., Elmer W. Michael and Willard L. Vollink, *Breakfast Cereal Process*, u.s.3121637a, United States Patent Office (Washington, dc, 1964)

Collins, E.J.T., 'The "Consumer Revolution" and the Growth of Factory Foods: Changing Patterns of Bread and Cereal-Eating in Britain in the Twentieth Century', in *The Making of the Modern British Diet*, ed. D. S. Miller and D. J. Oddy (Totowa, nj, 1976), pp. 26–43

Dalby, Andrew, *The Breakfast Book* (London, 2013)

Daly, Ed, *Cereal: Snap, Crackle, Pop Culture* (New York, 2011)

日出之食
谷物早餐小史

Deutsch, Ronald M., *The Nuts Among the Berries* (New York, 1961)

Fayant, Frank, 'The Industry that Cook's the World's Breakfast', *Success*, vi/108 (May 1903), pp. 281–3

Ferdman, Roberto A., 'The Most Popular Breakfast Cereals in America Today', *Washington Post*, www. washingtonpost.com, 18 March 2015

Fussell, Betty, *The Story of Corn: The Myths and History, the Culture and Agriculture, the Art and Science of America's Quintessential Crop* (New York, 1992)

Greenbaum, Hilary, and Dana Rubinstein, 'Who Made That Granola?', *New York Times Magazine*, www. nytimes.com/ section/magazine, 23 March 2012

Hollis, Tim, *Part of a Complete Breakfast: Cereal Characters of the Baby Boom Era* (Gainesville, fl, 2012)

Jones, Michael Owen, *Corn: A Global History* (London, 2017)

Kellogg, John Harvey, *Flaked Cereals and Process of Preparing Same,* u.s.558393a, United States Patent Office (Washington, dc, 1896)

Kincaid, Jamaica, 'Biography of a Dress', *Grand Street,* xi (1992), pp. 92–100

Landon, Amanda J., 'The "How" of the Three Sisters: The Origins of Agriculture in Mesoamerica and the Human Niche', *Nebraska Anthropologist,* xl (2008), pp. 110–24

Laudan, Rachel, *Cuisine and Empire: Cooking in World History* (Berkeley, ca, 2013)

McCann, James C., *Stirring the Pot: A History of African Cuisine* (Columbus, oh, 2010)

McGee, Harold, *On Food and Cooking* (New York, 1984)

Markel, Howard, *The Kelloggs: The Battling Brothers of Battle Creek* (New York, 2017)

Marton, Renee, *Rice: A Global History* (London, 2014)

日出之食
谷物早餐小史

Moriarty, Liane, *What Alice Forgot* (Sydney, 2009)

—, *The Husband's Secret* (Sydney, 2013)

Morrison, Toni, *Song of Solomon* (New York, 1977)

Neruda, Pablo, *All the Odes: A Bilingual Edition*, ed.
Ilan Stavans (New York, 2017)

Pollan, Michael, *Omnivore's Dilemma* (New York, 2006)

Recinos, Adrián, *Popul Vuh: A Sacred Book of the Ancient
Quiché Maya*, trans. Delia Goetz and Sylvanus G.
Morley(Norman, ok, 1950)

Rowling, J. K., *Harry Potter and the Philosopher's Stone*
(London, 1997)

—, *Harry Potter and the Chamber of Secrets* (London,
1998)

Saki (H. H. Munro), *Humor, Horror, and the Supernatural:
22 Stories by Saki* (New York, 1977)

Smith, Andrew F., *Eating History: Thirty Turning Points
in the Making of American Cuisine* (New York, 2009)

—, *Sugar* (London, 2015)

Snyder, Harry, and Charles Woods, 'Cereal Breakfast Foods',
    u.s. *Department of Agriculture Farmers' Bulletin*, no. 249,
    United States Department of Agriculture (Washington,
    dc, 1906)

Xueqin, Cao, *Hung Lo Meng, or, The Dream of the Red
    Chamber*, trans. H. Bencraft Joly (Hong Kong, 1892)

Zabinski, Catherine, *Amber Waves: The Extraordinary
    Biography of Wheat, from Wild Grass to World Megacrop*
    (Chicago, il, 2020)

日出之食
谷物早餐小史

致　谢

　　衷心感谢Reaktion Books的各位编辑老师给予我的包容、体贴，感谢他们从始至终对本书的认真专注。感谢Alex Ciobanu、Susannah Jayes和Amy Salter，尤其要感谢Michael Leaman和Andrew Smith，感谢他们对本书初稿的洞见。感谢密歇根州立大学图书馆的图书管理员，包括Leslie M. Van Veen McRoberts、Tad Boehmer、Ed Busch、Andrea Salazar McMillan、Jennie Russell和Randall Scott，特别是Leslie Behm，感谢他们帮助我查阅约翰·哈维·凯洛格的档案，对我顺利完成第二章帮助很大；还要感谢帮助过我的其他馆员和工作人员。Lilian Adams参与了本书的早期研究，给予我莫大帮助。我有幸在2019年参加了在中国台湾高雄举办的食品研究知识社群（Food Studies

Knowledge Community）会议和在芝加哥举办的中西部现代语言协会（Midwest Modern Language Association）会议，在两次会议上都宣读了我的谷物早餐研究成果。其他与会者针对我的研究，提出了富有见地的建议，通常是在一起吃饭或者一起喝一杯的时候。这样做研究，真的是不同凡响。感谢我的朋友和家人多年来不厌其烦地反复阅读我的初稿和修改稿。最后，感谢我的三只小猫咪，Oz、Missy和Sammy，在我写作本书的过程中，虽让我不时分心，但也给我带来快乐和慰藉。

图书在版编目（CIP）数据

日出之食：谷物早餐小史 /（美）凯瑟琳·康奈尔·多兰著；萧潇译 . —
北京：中国工人出版社， 2023.8
书名原文：Breakfast Cereal: A Global History
ISBN 978-7-5008-8056-1

Ⅰ . ①日… Ⅱ . ①凯… ②萧… Ⅲ . ①谷物—饮食—历史—世界
Ⅳ . ① TS972.12-091

中国国家版本馆 CIP 数据核字（2023）第 143782 号

著作权合同登记号：图字 01-2023-0467

Breakfast Cereal: A Global History by Kathryn Cornell Dolan was first published by
Reaktion Books, London, UK, 2023, in the Edible series.
Copyright © Kathryn Cornell Dolan 2023.
Rights arranged through CA-Link International LLC.

日出之食：谷物早餐小史

出 版 人　　董　宽
责任编辑　　董芳璐
责任校对　　张　彦
责任印制　　黄　丽
出版发行　　中国工人出版社
地　　址　　北京市东城区鼓楼外大街 45 号　邮编：100120
网　　址　　http://www.wp-china.com
电　　话　　（010）62005043（总编室）　（010）62005039（印制管理中心）
　　　　　　（010）62001780（万川文化项目组）
发行热线　　（010）82029051　62383056
经　　销　　各地书店
印　　刷　　北京盛通印刷股份有限公司
开　　本　　880 毫米 ×1230 毫米　1/32
印　　张　　6.875
字　　数　　100 千字
版　　次　　2023 年 9 月第 1 版　2023 年 9 月第 1 次印刷
定　　价　　58.00 元